西安科技大学高质量学术专著出版资助计划(XGZ2024008)资助

多孔介质热质传递干燥原理与技术

薛韩玲 著

中国矿业大学出版社
·徐州·

内容提要

本书以高附加值花椒经济作物为代表，全面阐述了农产品多孔薄层堆积干燥传热传质机理、热湿迁移特性，系统详细地讲述了多孔薄层物料的干燥过程控制与品质试验分析，并使用 Fluent 软件，采用局部非热平衡模型对干燥过程进行设计和开发，主要内容包括干燥基本理论、干燥动力学分析、干燥能耗分析、干燥品质分析、干燥试验与气流组织优化模拟、太阳能-空气源热泵干燥系统设计等。

本书可作为干燥工程技术人员的学习资料，也可作为高等学校相关专业师生和科研院所研究人员的参考书。

图书在版编目(CIP)数据

多孔介质热质传递干燥原理与技术 / 薛韩玲著. 徐州 ：中国矿业大学出版社，2024. 12. — ISBN 978-7-5646-6506-7

Ⅰ. TK124

中国国家版本馆 CIP 数据核字第 2024UK4389 号

书　　名　多孔介质热质传递干燥原理与技术
著　　者　薛韩玲
责任编辑　黄本斌
出版发行　中国矿业大学出版社有限责任公司
（江苏省徐州市解放南路　邮编 221008）
营销热线　(0516)83885370　83884103
出版服务　(0516)83995789　83884920
网　　址　http://www.cumtp.com　**E-mail**:cumtpvip@cumtp.com
印　　刷　江苏淮阴新华印务有限公司
开　　本　787 mm×1092 mm　1/16　**印张** 9　**字数** 230 千字
版次印次　2024 年 12 月第 1 版　2024 年 12 月第 1 次印刷
定　　价　39.00 元
（图书出现印装质量问题，本社负责调换）

前　言

干燥作业涉及国民经济的广泛领域，它不仅是农产品、化工产品、木制品等许多行业不可或缺的基本生产环节，同时也耗能巨大；另外，干燥过程造成的污染又常常是我国环境污染的重要来源。面对干燥的节能与环保问题，针对农产品薄层多孔堆积物料干燥湿分及能量在孔隙内传输过程的复杂性，以高附加值经济作物花椒为代表，在广泛查阅国内外干燥技术资料的基础上，结合作者团队近几年对多孔介质干燥原理与技术的研究和积累撰写了本书。

本书涉及多孔介质多种干燥方式的干燥机理和干燥特点，通过试验台进行多孔物料的薄层干燥试验，分析不同干燥方式下的水分迁移机理；并对试验所得数据进行干燥动力学与能耗分析，以及对干制后的物料品质进行对比评价；同时通过软件，以局部非热平衡理论为基础，进行多相流-多物理场耦合的数值模拟，对干燥流场与气流组织进行优化，为选择适宜的多孔介质干燥工艺和参数提供一定的理论参考。

根据多孔堆积物料的干燥量、码放方式、含水率、温湿度、烘房结构、气流组织、气象参数及太阳能辐射情况，本书阐述了干燥室的物料、热量衡算，确定烘干室送风量，送风温、湿度及不同工况下太阳能及热泵系统的理论供热量，以及太阳能集热器面积、空气源热泵功率计算，进行除湿风机、热泵风机、干燥室风机及辅助电加热等设备的选型。

本书对变单一粗放型、分散式干燥方式为组合、自控、集中型干燥方式进行了研究，应用可再生能源，进行多层次的节能技术开发，应用太阳能-空气源热泵联合干燥等技术提高干燥产品质量，节省燃料，降低运行费用。此技术可全年用于烘干多孔堆积农产品，为指导农产品干燥实践提供一定理论基础和参考，对我国农副产品干燥行业走节约能源和开发利用新能源的可持续发展路线具有重要意义。

本书在西安科技大学高质量学术专著出版资助计划（XGZ2024008）、陕西省重点研发计划（2019NY-166）、能源学院的资助下完成，作者团队吴业豪、万学宁、闫钰亭、廖帮海、牛婷婷、王楠、张力、薛飞宇等提供了部分素材和诸多帮助，在此表示衷心的感谢！

任何多孔物料的干燥均是复杂的多物理场非稳态热质传递过程，具有相变、流动和传热的多过程耦合特征，由于本书作者水平有限，难免存在不妥之处，恳请读者对本书予以批评和指正。

作　者

2024 年 7 月

目　录

1 绪　论

1.1 研究背景

1.1.1 我国干燥行业的能耗与污染状况

干燥作业涉及国民经济的广泛领域，是许多工农业行业不可缺少的工序。在粮食、果品、药材、木材、皮革、橡胶、陶瓷等许多工农业产品的加工处理过程中，干燥作业不仅对产品的质量和成本影响很大，而且干燥作业能耗高。据不完全统计，我国干燥作业所用能源占国民经济总耗能的12%左右，有的行业如木材干燥作业能耗占木制品生产总能耗的40%～70%。另外，干燥过程造成的污染又常常是我国环境污染的重要来源，以年干燥能力为10 000 m^3木材的蒸汽干燥车间为例，约需配4 t/h的锅炉一台，每小时排出的有害物烟尘量约40 kg、CO_2约1 900 m^3、SO_2约45 m^3，还有少量的氧化氮，这些物质是造成大气温室效应、酸雨和臭氧层破坏的主要因素。因此，干燥技术的操作不仅要保证产品质量，而且要降低对环境的污染以及干燥能耗。

1.1.2 我国干燥行业的用能对策

面对如此严峻的能源与环境状况，我国干燥行业必须走节约能源和开发利用新能源的可持续发展道路，实施高效与绿色干燥的发展战略。

(1) 走资源节约型发展道路，变单一粗放型干燥为组合、智能型干燥。

目前，我国多数产品的干燥操作是在单一干燥设备内处于一种干燥参数下完成的，而从物料的干燥动力学特性可知，在物料的不同干燥阶段，其最优的干燥参数是不同的。同时，一种干燥设备，往往不能适应物料在不同干燥阶段含水率和其他物性对干燥设备的不同要求。如果采用单一干燥设备和单一干燥参数，不仅会造成能源的浪费，还会影响干燥质量与产量。因此必须从干燥设备和工艺上进行根本改造，改变粗放型的干燥方式，逐步向循环经济的方向过渡，即实现无废弃物、零污染排放、高效优化用能和优质生产。

(2) 进行全面、多层次的节能技术改造。

全面节能包括过程节能、系统节能和单元设备节能等几个方面。过程节能通过干燥工艺的优化来缩短干燥时间，达到节能目的；系统节能是对干燥系统进行总能系统分析，以实现对系统中各单元设备的优化配置，不仅要进行热效率和热经济分析，还必须进行㶲分析，以实现能量的温度对口，利于能量的梯级利用。目前，许多干燥系统对高温热源进行降温后使用，或者直接用高温热源进行不需要高温的干燥处理，都是对能源的极大浪费。系统节能还包括干燥设备排气、余热的回收，提高能源利用率。单元设备节能包括干燥器本身和热源设备的节能改造，目前我国低效、高污染的老式干燥设备占大多数，低水平重复的现象相当严重，除要采用经济手段，逐步淘汰落后设备外，还应当加大对开发干燥设备的技术投入和推广力度。

(3) 大力发展应用可再生能源。

发展可再生能源是保障能源安全的实际需求，从我国的当前情况看，对水能、风能、太阳能、地热能及生物质能等的可再生能源利用量还不够大。目前传统能源短缺，各地发展可再生能源的势头强劲，预计到 2050 年我国可再生能源将成为能源结构中的主角之一，达到能源消费总量的 30%以上，到 2100 年可再生能源在能源消费总量中达到 50%以上。

1.2 多孔介质干燥研究现状

在日常生活及生产中，诸如枸杞、草药、大枣等很多物料都是以薄层多孔形式进行干燥的。由于多孔材料所具有的几何结构相对复杂、多变且随机，因此成了工程热物理学科中一个发展极为迅速，并且具有广阔应用前景、多学科交叉的研究领域。多孔介质干燥过程包含了热质传导和对流，以及传质中涉及的相变换热、温度再分布等多种现象，使得在研究过程中会遇到一系列新的问题。通常的研究手段以试验为主，从而指导实际生产，但由于大多数试验数据的采集和分析工作会因多孔介质的复杂性而易产生误差，因此传统的试验方法很难得出理想的分析结果。

在干燥过程中，首先应考虑的是使能量利用率达到最高，所以需要进行试验方法设计以及设备选型，而传统的设计过程，在经验主义的影响下很难做到上述要求。多孔介质的流体流动满足三大守恒定律，以三大守恒定律为基础引入计算流体动力学(CFD)，通过建立干燥传热传质模型，可对在热风干燥过程中的热湿传递规律进行更为深入的研究，进一步分析干燥工艺和参数对干燥过程的影响，得到传热传质规律，便于干燥系统设计、干燥室设计以及干燥工艺和参数优化，进而使得干燥技术提升，获得高品质物料，并提高能源利用率。

1.2.1 多孔介质热质传递研究现状

(1) 国外研究现状

国外干燥技术研究涉及许多多孔物料，其中在食品方面所涉及的多孔物料的干燥研究颇多，从大米、玉米和小麦等低水分农产品，到意大利面、茶和咖啡等中间水分食品，再到牛奶、水果、蔬菜类等高水分食品[1]，涉及不同类型。

早在 1856 年，法国科学家达西(Darcy)通过探究水在土体中的流动规律，提出了达西定律，此定律可用于描述一定条件下流体在多孔介质内的流动特性。从 20 世纪初至今，许多学者以达西定律为基础，结合传热学和热力学定律更加深入、全面、系统地研究了包括农产品在内的多孔物料干燥的原理与技术，得到了干燥过程中多孔介质内部热质传输过程及其同外部空气间的界面热质交换机理，如图 1-1 所示[2]。

任何多孔物料的干燥均是复杂的多物理场非稳态热质传递过程，在此过程中，物料中的液体经过受热发生相变，水分含量降低，固体基质产生应力形变，整个过程各种相态之间存在着质量、动量和能量的动态耦合，同时与外部环境间也形成了动态耦合关系。例如，物料中的液态水在蒸发干燥时，换热方式有热对流、热传导和热辐射等[3]，利用热空气为干燥介质进行干燥，此时的主要能量输入形式为对流换热，传热过程是一个动态变化的平衡过程，

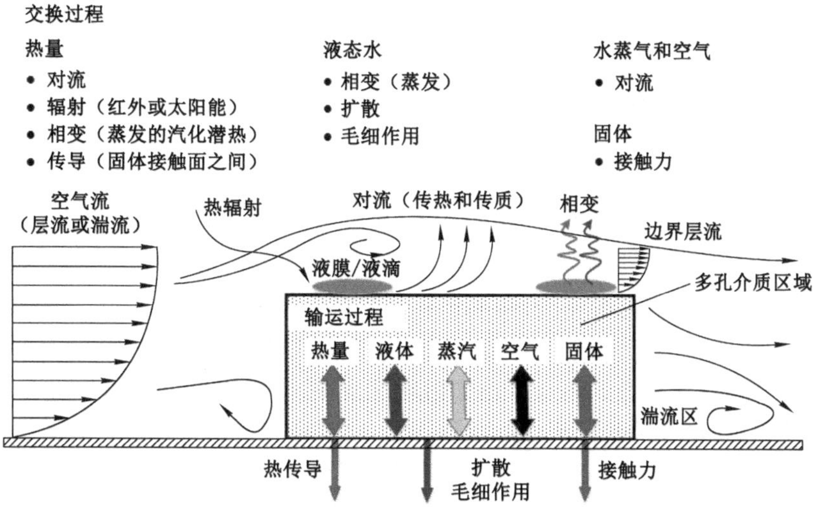

图 1-1　多孔介质干燥热质交换过程示意图[2]

当液体一旦受热，物料内部和外部均会产生温度梯度和浓度梯度，使各组分单元的温度和浓度在空间上分布不均匀，由于梯度差的影响，进一步产生驱动力，此时各组分均沿驱动力的正方向移动，吸收能量后的物料，内部水分会相变为水蒸气，进而以对流、扩散等传质方式输运至外部干燥介质当中，从而达到除去物料内部水分的目的。

20 世纪初，一系列研究学者就湿分迁移的运动形式进行了较为广泛的研究。其中，Sherwood[4]最初认为水分的运动形式以液态扩散为主，产生这一现象的主要原因是多孔介质孔隙中的液态水由于浓度分布不均匀所形成的各种驱动力的影响，研究将传热和传质过程分开考虑。为了能将各种驱动力考虑在内，而后又有一些学者提出了多场耦合模型，Luikov[5]利用不可逆热力学原理、热量扩散定律和质量扩散定律，并结合能量守恒和质量守恒定律，导出多孔介质热质传递过程的三场梯度驱动模型。

计算机建模和仿真技术可以帮助开发新的烘干机，优化干燥工艺，降低能耗。近年来随着数值模拟技术的发展，诸多学者对干燥过程进行模拟，以此得到各类产品最优的干燥工况和传热传质规律，图 1-2 为颗粒状果实及片状农产品干燥模型。

(a) 颗粒状果实

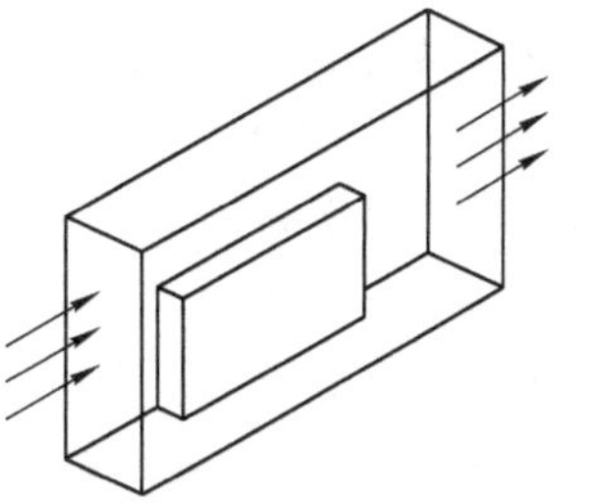

(b) 片状农产品

图 1-2　多孔介质干燥模型

Chandra Mohan 等[6]以土豆块为例，建立了一个三维多孔介质传热传质模型，研究了潮湿土豆块内的温度和水分瞬态行为，并分析气流速度和温度对其干燥性能的影响，提出了变量传热传质系数模型，通过变量扩散系数和合理的对流边界条件，精确预测了土豆块在空气中6个面的温度、湿度以及气流速度的分布。Ljung 等[7]给出了多孔颗粒干燥过程周围流体流动的控制方程，以及多孔颗粒内部传热传质的控制方程，揭示了单个颗粒的水分输送通常分为三个阶段：第一阶段是恒速干燥期，毛细力水被输送到球团表面，这个阶段一直持续到球团内部的水分不再以蒸发的速度输送到表面为止；第二阶段是速率下降期，水分主要通过扩散向球团的表面移动；第三阶段，化学结合水被蒸发。Nguyen 等[8]利用多孔介质性质模拟虾体内温度和水分的分布，所得模拟结果与试验结果具有高契合度，可用于优化虾对流干燥工艺。Salagnac 等[9]对矩形多孔介质在干燥过程中的湿热行为进行数值模拟，首先建立了多孔介质内质量传递和热量传递的物理模型，并结合热风、红外和微波干燥时的多孔介质内部湿热行为，建立了联合干燥的数学模型，模拟结果给出了联合干燥过程中气相含水率、温度和总压的变化规律，实现了多孔介质进行联合干燥的分析方法。Cârlescu 等[10]首先根据文献得出了杏在不同工况下的干燥常数和平衡含水率，再通过局部热平衡模型建立了温度输运方程，使用 Fluent 软件对方程进行离散，得到的 CFD 模拟预测结果与试验结果一致。以上学者均采用局部热平衡的方法，在后期逐渐采用非平衡传热模型进行数值模拟，Ahmad Khan 等[11]使用非热平衡和共轭建模，对苹果片的对流干燥进行数值模拟，此模型可以准确反映干燥过程的温度、空气湿度和初始干基含水率对干燥速率的影响，充分解释了此方法的适用性，可适用于任何多孔介质干燥。

(2) 国内应用现状

在国内，也有一大批学者利用多孔介质性质以及数值模拟技术对一些农产品或食品进行干燥模拟，所采用的建模方式以局部热平衡为主。

杨玲[12]对甘蓝型油菜籽的热风干燥特性进行试验研究，得到了合适的薄层干燥模型，并以 Fluent 中的蒸发冷凝模型为基础，得到了甘蓝型油菜籽微孔道内的水分迁移规律，从微观上解释了甘蓝型油菜籽在热风干燥下的传热传质特性。Yang[13]通过试验得到了甘蓝型油菜籽在热风干燥条件下的含水率和干燥速率随时间的变化规律，使用 Fluent 软件 UDFs 功能分析了甘蓝型油菜籽含水率随时间的变化以及干燥室内的流场分布，并模拟甘蓝型油菜籽干燥的传热传质过程。汪火良[14]使用多相流理论和相变模型，对烟叶烤房建立了热质传递数学模型和控制方程，应用 Fluent 软件得到了烤房模型内的速度场、压力场、温度场和湿度场，为烘烤工艺的改进以及烤房结构的优化提供了良好的理论依据。王鹏浩[15]基于局部热平衡原理，建立海带热泵烘干房的数值模型，通过使用有限体积法进行模拟计算，分析了不同烘干温度和热风风速对海带干燥的影响，得到海带干燥的最佳工艺和工况，进一步确定了最佳运行参数。段海峰[16]和丁德强[17]分别使用冷却干燥和热风干燥对粮仓进行除湿，并在局部热平衡条件下建立了数值模拟方程，分析了在干燥过程中以粮食堆作为多孔介质的热湿耦合。赵景尧[18]基于木材传热传质特性，利用局部热平衡理论建立了传热传质数值模型，应用 COMSOL Multiphysics 多物理场软件进行求解，得到了在受外环境干燥影响时木材中的水分场分布。王康[19]基于局部热平衡理论，同样利用 COMSOL Multiphysics 对玉米进行多物理场的微波干燥热质耦合模拟，得到了不同初始含水率、初始温度和玉米尺寸对水分浓度迁移和干燥介质温度的影响。Zhang 等[20]以槟榔作为物料，为了改善带式干燥机内部空气流场，提高干燥物料的水分标准差，基于计算流体力学和传热传质理论，采用 Fluent 软件，得到了速度、空气温度和空气相对湿度对烘干材料水分含量和均匀性的影响。杨历等[21]为了得到单颗粒玉米籽干燥过程中温度和水分之间的相互耦合，通过局部非热力学平衡和各相间动态平衡理论，结合多孔介质性质，建立了二维对流干燥过程的传热传质数学模型，并利用此模型，使用 MATLAB 对其进行控制体积法全隐格式离散，得到了单颗粒玉米籽的表面对流传热系数，证明了该数学模型和数值方法对单颗粒干燥过程的有效性。葛仕福等[22]考虑了多孔颗粒的毛细结构，从微观角度对圆颗粒土霉素滤饼的干燥热湿迁移过程建立了局部热平衡和质量平衡方程，使用全隐式有限差分法对输运方程进行离散，得到的模拟结果与试验数据有较好的吻合度，得到了空气风速、温度和颗粒直径大小、孔隙率分布对干燥速率的影响。王会林等[23]基于菲克(Fick)定律、傅里叶定律和热弹性力学理论，对生物多孔介质的热风干燥过程进行建模，建立了温度、湿度与应力之间的耦合关系数值模型，对土豆和胡萝卜等对流干燥过程实现了模型求解，与试验数据的相对误差在 5%以内。

1.2.2 多孔介质干燥技术研究现状

(1) 热风干燥研究现状

热风干燥是以热风作为干燥介质加热物料，驱使物料内的自由水、半结合水在水蒸气分压作用下逐渐向外表面迁移，并在物料外表面蒸发成水蒸气被流动的热空气带走，这个过程循环往复，以此达到对物料的干燥[24]。

张雪峰[25]对黄芪热风干燥机理进行了研究，发现热风温度、切片厚度对干燥时间的影响显著，而风速影响一般。刘鹤等[26]研究了马铃薯薄片热风干燥时的水分和体积变化过程，发现随着热风温度增加和切片厚度变薄，干燥速率和有效水分扩散系数增大，威布尔(Weibull)分布函数能较好地描述其水分比变化曲线和体积收缩过程。Yu 等[27]对胡萝卜热风干燥进行了能量和效率分析，得出高相对湿度热空气可降低热力学过程的不可逆性损失，但干燥速率较低；所提出的多级相对湿度控制策略的干燥时间较短，且效率几乎是恒定湿度干燥时的三倍，可用于任何有或无热回收技术的对流干燥系统。效碧亮等[28]综合研究了热风不同温度、湿度和风速对百合的干燥速率与干燥品质影响，发现增大热风温度和风速，能显著缩短百合薄层干燥时间；干燥前期高湿热风有利于提高干燥速率，而后期则相反；百合的色泽、维生素 C 含量受干燥参数影响较大。李星仪等[29]在不同相对湿度热风条件下对香菇进行干燥，结果表明，香菇的色泽、复水比、纹理特征、细胞微观结构及风味成分均与干燥的控湿方式相关。Ramírez 等[30]选择不同温湿度热风对苹果片进行干燥，发现高温、低湿有利于缩短苹果片干燥时间，高温高湿环境会促进苹果片酶催化而褐变。Namkanisorn 等[31]研究了不同热风条件下的高良姜干燥品质，结果表明较高的温度、风速和湿度都会导致化学物质的降解，低湿度的热风在保持产品质量和高干燥效率方面都具有良好的潜力，但湿度过低、风速过高又会使物料表面硬化，因此，考虑节能和品质，在最佳风速下提出了低湿和低温的干燥条件组合。Sasongko 等[32]研究了干燥温度和相对湿度对洋葱片品质的影响，结果表明在低温和中温干燥时，降低空气相对湿度不仅可缩短干燥时间，且能最大限度地降低总酚类化合物降解。

综上所述，针对热风干燥研究，主要集中在热风温度、湿度、风速以及物料厚度方面，通过改变试验条件可提高干燥速率、降低干燥能耗，同时获得品质较佳的产品。

(2) 热风-红外联合干燥研究现状

红外线在电磁波谱中频率为 $3\times10^{11}\sim4\times10^{14}$ Hz，是一种介于微波与可见光之间的电磁波，对应真空中波长为 750 mm～1 nm 的辐射[33]。红外辐射具有很强的穿透性和热效应，能够穿透生物体，与大多数有机和无机分子发生共振，使分子运动加速并相互摩擦，进而产生热量。因此通过红外辐射进行干燥能增大传热效率，缩短干燥时间。但单一干燥有时不能很好地适应物料，于是很多专家学者将红外干燥与热风干燥方式联合起来研究。

姜元志[34]通过热风对流与远红外辐射联合干燥蘑菇试验，发现联合干燥比单一远红外辐射干燥方式更能提升高湿物料的干燥速率，远红外辐射并不适用于穿透性较差或者较厚的物料干燥；确定了联合干燥方式中影响试验指标主要因素的影响程度从大到小依次为：远红外功率、热风温度、对流风速。刘旺星等[35]发现甜叶菊热风-红外联合干燥过程存在预热升速与降速干燥阶段，热风温度、红外辐射距离和排湿速率对甜叶菊热风-红外联合干燥效率存在影响。吴敏等[36]设计了一款温度、湿度可控制的热风-红外联合干燥机，以鲜面条为研究对象，在干燥温度 60 ℃、相对湿度 70%条件下，得出热风-红外联合干燥所需时间比单一热风干燥时缩短了 16.7%。陈凯[37]发现热风干燥与中短波红外干燥相结合对枸杞的干燥速率、色泽、复水性以及多糖含量都能产生良好的改善作用；而热风联合微波干燥虽然干燥速率更快，但枸杞的多糖保留率、复水性等方面较优，但枸杞色泽不佳，且微波易导致枸杞爆裂。

Jeevarathinam 等[38]设计了姜黄红外辅助热风干燥机，试验发现热风-红外联合干燥所用的干燥时间要短于单一热风干燥和红外干燥。热风-红外联合干燥在 60 ℃的温度下能最大限度保留姜黄素、油性树脂和淀粉含量并且颜色劣化较少，当温度升高到 70 ℃，无论何种干燥方式都会导致姜黄素降低。Barzegar 等[39]研究了在振动床干燥机上热风辅助红外干燥青豌豆的能耗与品质，发现随着热风温度和红外辐射强度的增加，干燥时间均显著缩短，干燥床厚度越深，干燥时间持续越长。Darvishi 等[40]对输送带红外热风干燥机中的香叶干燥工艺进行了研究，发现干燥时间随热风温度和红外功率密度的增加而减少，与风速亦呈反比，比能耗随温度和风速的增加和红外功率密度的降低而增加。

综合比较干燥速率、能耗、品质等方面，热风与红外联合的干燥方式优于单独的热风干燥或红外干燥。影响热风-红外联合干燥的时间和品质的主要因素有热风温度、湿度、风速、干燥物料厚度以及红外发射器功率和距离物料距离等。

(3) 热风-微波联合干燥研究现状

微波是指频率在 300 MHz～300 GHz，波长在 1 mm～1 m 之间的电磁波，波长比红外线更长，具有更强的穿透性[41-42]。物料中水分子的极性结构可在微波作用下发生高频振动，产生强烈的热运动和摩擦效应，使水分迅速脱除，达到对湿物料干燥的目的[43-44]。单一微波干燥时，因物料升温速度极快，水分如果不能及时排走则会对物料进行“蒸煮”而影响品质。因此热风-微波联合干燥成了新的研究方向。

王俊山[45]采用热风-微波联合干燥方式制作牛肉干，发现提高微波功率、热风温度和减小牛肉切片厚度可缩短干燥时间，Page 模型非常适合描述其水分迁移规律，经微波-热风联合干燥后的牛肉干风味、色泽、质构特性要显著优于采用单一干燥形式的。林鹏程等[46]研究了紫菜热风-微波联合干燥工艺，发现先热风后微波的干燥方式能够有效缩短干燥时间，且所得干紫菜品质更优于通过先微波后热风干燥的干紫菜。张红帅[44]通过自行设计搭建的热风对流联合微波干燥系统，对三种典型的可压缩固体废料进行了试验，探究了不同微波功率、热风温度等因素对固体废物干燥特性的影响规律，发现在联合干燥条件下，吸水纸与棉织物的有效水分扩散系数均高于单一干燥方式条件下的。

Xu 等[47]研究了不同相对湿度对佛手片热风辅助微波干燥的影响，发现热风湿度 20% 下干燥时间最短，复水率最高，微观多孔结构最好，40%时佛手片能保持更好的色泽和香味；Page 和 Midilli 模型能很好地描述不同相对湿度下的热风-微波联合干燥。Malekjani 等[48]研究了榛子在不同干燥温度和微波功率条件下的微波辅助流化床干燥，结果表明微波功率对减少干燥时间的影响远大于温度；有效水分扩散系数随温度和微波功率的增加而增加，900 W 功率干燥的有效水分扩散系数比 450 W 功率的高 10 倍，比没有微波处理的高 100 倍。Szadzińska 等[49]研究了白蘑菇热风-微波联合干燥时不同热风温度和微波功率对总干燥时间、干燥速率、有效扩散系数、比能耗和质量指标的影响，发现热风和微波组合对干燥动力学有积极的影响，能效更高，Page 和 Weibull 模型能很好地拟合水分比曲线，但与对流干燥相比，联合干燥后的蘑菇质量较差。

综上所述，微波干燥能明显缩短干燥时间，提高干燥速率，能够更好地保留物料成分，但同时也因干燥过猛而造成物料焦化。热风干燥虽干燥时间长，但能保留物料更好的色泽，更利于物料作为商品出售。而联合干燥则能将两者优势相结合，使其优势最大化。

1.3 花椒干燥现状

花椒作为一种药食同源的农产品，具有很高的食用、药用以及经济价值[50]。花椒原产自我国，栽培历史悠久。花椒在我国许多地区广泛种植，其中陕西省经过三十余年的不懈发展，栽植面积和产量居全国第一位，特别是韩城市百里五千万株花椒林带的形成，带动了周边各县的花椒生产，富平、铜川、合阳、宜川等地也纷纷利用区域优势，推广花椒连片栽植，推动了当地经济的迅速发展，花椒已经成为当地农村经济发展的支柱产业[51]。

花椒干燥方式为薄层多孔堆积形式，本书以高附加值花椒经济作物为代表，阐述多孔介质热质传递干燥原理与技术。

1.3.1 花椒自然晾晒

花椒栽植规模、生产效益近年来有很大提高，但各地“采收靠双手、晾晒靠太阳”的原始生产方式一直未改变，生产机械化程度低、干燥成本高。就目前农户最普遍最主要的薄层多孔自然晾晒干燥方式而言，对天气的要求非常苛刻，要保证高质量就须白天持续晴朗，一天之间若有短时阴云或是少量雨滴，就会对花椒干品质量造成极大影响，若连续阴雨，则影响更大，得不到晾晒的鲜花椒会变味发霉，品质大幅度降低甚至失去商品价值。花椒采收为每年 7 月中旬至 9 月上旬，正值多雨季节，农户费尽心力采收后的鲜花椒因天气原因好货变次货甚至废货，都是大概率事件。多年统计数据显示，陕西省每年花椒生产中，因阴雨天气原因晒出的残次品花椒占总量的 20%～30%，严重影响椒农收益。另外，自然摊晒物料易受泥沙、灰尘、昆虫和各种微生物的污染。

1.3.2 花椒干燥技术研究现状

花椒在日本、韩国及东南亚等地区虽备受欢迎，但研究较少。针对花椒干燥技术，我国的专家学者进行了不同方面的研究。

2006—2008 年，西南大学许多学者对花椒干燥进行了研究。周秀梅[52]通过花椒间歇式热风干燥试验研究，发现热风温度、风速和花椒颗粒铺层厚度是影响花椒干燥时间、能耗及品质的主要因素。郑严等[53]表明花椒热风干燥过程分为预热、恒速和降速三个阶段，失水主要是在恒速阶段；采用阶段热风温度干燥花椒时，在保留花椒品质的同时还能缩短干燥时间，降低能耗。邱青苗等[54]指出青花椒烘干温度不宜超过 68 ℃。赵超[55]对花椒进行的微波干燥研究表明，微波干燥时间短，但容易变成“油椒”，甚至变焦，品质差，提出了更优的间歇式微波联合热风的干燥工艺。

近年来，针对花椒干燥的研究逐渐增多。王云龙[56]使用高压电场干燥技术对花椒进行干燥，发现整个干燥过程主要为降速干燥；电场电压、针极距离以及花椒铺放量对干燥速率和挥发油含量存在影响，经高压电场干燥后的花椒挥发油主要化学物质与经热风干燥后的相同。代建武等[57]研究了青花椒真空脉动干燥，发现 Weibull 分布函数模型能精确拟合青花椒真空脉动干燥水分比曲线；随着干燥温度的升高，干燥速率及花椒开口率增大，并有利于花椒色泽和挥发油的保留，但酰胺类物质含量有所下降。闫钰亭[58]和万学宁[59]分别采用热风-红外联合干燥、热风-微波联合干燥方式分析了青花椒薄层干燥特性，结果表明联合干燥方式在提高干燥速率和降低能耗方面都表现出比单一干燥更大的优势。Chen 等[60]研究了不同干燥速率对青花椒色泽的影响，结果表明烘箱快速干燥的青花椒色泽更佳，而自然慢速干燥的青花椒发生了褐变。Sriwichai 等[61]对不同干燥方式下的青花椒挥发油进行分析，表明其主要化学成分为香桧烯、l-柠檬烯、α-蒎烯和 β-水芹烯，同时表明微波干燥时间最短，柑橘气味最强烈，是花椒干燥的理想方式。杨森等[62]通过试验探究了热风温度对竹叶花椒干燥特性及品质的影响，发现花椒干燥为降速过程，Weibull 分布函数可很好地描述花椒的热风干燥过程；在 45 ℃条件下干燥有利于黄酮、多酚、酰胺的保留。景娜娜[63]对不同干燥方式下大红袍花椒的品质进行了研究，发现干燥后花椒品质从高到低依次为：真空冷冻干燥、远红外干燥、热风干燥，真空包装及低温有利于花椒贮藏期间品质的保留。

1.3.3 花椒干燥研究存在问题

截至目前，国内外学者以及研究人员对多孔介质材料干燥的传热传质机理、热湿迁移特性和干燥物料的品质、工艺、过程控制等方面进行了大量的研究，并且取得了较为出色的研究成果。但对农产品干燥热湿迁移特性和优化的研究，明显滞后于对其他多孔介质材料的研究。大多数农产品的热风干燥装置设计、工艺和过程控制优化主要依赖于经验和试验，而且在国内研究过程中仍然以局部热平衡为主，很少使用 Fluent 软件对局部非热平衡模型进行设计和开发。

结合上述研究现状，在农产品干燥领域，针对胡萝卜、苹果、稻谷等农产品的研究较多且深入，各种新兴的干燥模式也层出不穷。但对于花椒干燥的热力学性质以及利用数值模拟方式进行传热传质特性和热湿分布规律的研究少之又少。在整个花椒干燥过程中，湿分及能量在孔隙内的传输过程复杂多变，且传热传质过程存在很强的耦合性，这就使得花椒内部的流体流动及各组分相态含量的变化都难以通过试验的方式获得。另外，花椒干燥的动力学模型、热质耦合、湿分迁移理论对花椒热风干燥的适用性研究非常缺乏，同时也没有充分利用数值模拟方法来研究花椒干燥装置设计、工艺和过程控制。

理论上，农产品中脱去自由水所消耗的最低能量为 2 500 kJ/kg，而我国平均脱除水的能耗范围为 6 963～8 615 kJ/kg，在发达国家仅需 3 345～4 599 kJ/kg[64]。在碳达峰和碳中和目标的大形势背景下，选择最佳的干燥方式来减少干燥过程的能源消耗很有必要。目前，在农业干燥领域运用最广、可行性最强的仍然是热风干燥以及与其联合的其他干燥方式，联合干燥可以将不同干燥方式的优势结合起来，同时弥补单一干燥方式所具有的缺陷[65-66]。

因此，通过一系列自然和技术过程，对农产品进行干燥，延长其储藏时间，提高产品品质和价值。针对我国能源与环境状况，花椒干燥应变单一粗放型、分散式干燥为组合、自控、集中型干燥，应用可再生能源，进行多层次的节能技术开发，提高花椒产品质量，节省燃料，降低运行费用，实施高效与绿色干燥的发展战略。本书以高附加值经济作物花椒为干燥物料，阐述其薄层多孔堆积的热质传递干燥原理与技术，可为农产品干燥实践提供一定的理论基础和技术参考，对我国农副产品干燥行业走节约能源和开发利用新能源的可持续发展路线具有重要意义。

1.4 本书内容

本书内容框架见图 1-3。

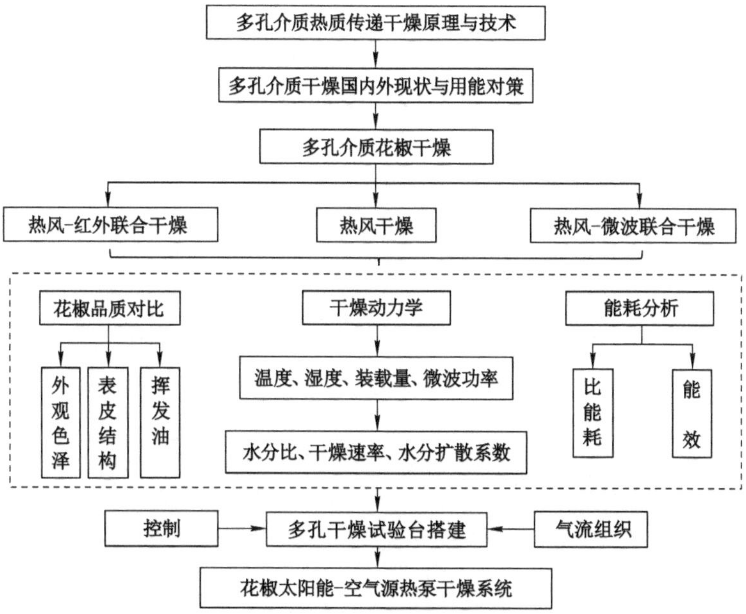

图 1-3 内容框架

本书主要内容为：

(1) 花椒干燥方式、工艺和参数

对热风、热风-红外联合和热风-微波联合三种干燥方式的干燥机理、特点进行分析，并分析相对湿度对花椒干燥的影响。采用自行搭建的满足三种干燥方式要求的小型试验台，进行花椒薄层多孔堆积干燥试验，分析不同干燥方式下水分迁移机理与干燥动力学，并对比能耗与干制后的花椒品质，为选取适宜的花椒干燥工艺和干燥参数提供理论依据。

(2) 智能自动控制设计

控制系统包括中控台、传感器、控制器、驱动电路等。通过控制器实时监测干燥室外和干燥室内温度、湿度，根据工作运行模式的设定控制压缩机、三通电磁阀、热水电磁阀、补水电磁阀、水泵、太阳能循环风机、热泵循环风机等设备的启合。排湿间隔时长和强度由 PLC（可编程序逻辑控制器）自动控制，避免过度排湿引起烘房内的热量损失，实现干燥系统的运行及烘房温度、湿度的智能自动控制。

（3）太阳能-空气源热泵干燥系统设计

根据花椒干燥量、码放方式、含水率、温湿度、烘房结构、气流组织、气象参数及太阳能辐射情况，进行干燥室的物料、热量衡算，确定烘干室送风量、送风温湿度及不同工况下太阳能及空气源热泵系统的理论供热量，确定太阳能集热器面积、空气源热泵功率，进行除湿风机、热泵风机、干燥室风机及辅助电加热等设备选型，完成系统计算。

高产、高效、高品质、低成本、洁净、安全、适用性好的新型太阳能-空气源热泵联合花椒干燥系统充分利用太阳能，并联合空气源热泵实现昼夜连续供热和阴晴全天候工作，干燥系统既可以单独运行，又可以联合运行，干燥系统的整个工作过程可由计算机自动控制，并通过试验研究形成相应的花椒烘干新型工艺技术方案。

2 干燥理论

2.1 热风、红外、微波干燥技术

2.1.1 干燥原理

干燥是农作物收获后的一个重要过程，其目的是将农产品中的水分降低至一个安全范围，以抑制酶活性、氧化和微生物生长[67]。水分梯度(浓度扩散)和温度梯度(热扩散)是影响物料干燥过程内部水分迁移快慢的主要因素[68]，深入了解不同干燥过程热量和水分迁移规律有助于干燥过程的控制和干燥工艺的优化，热风、红外、微波干燥原理如图 2-1 所示。

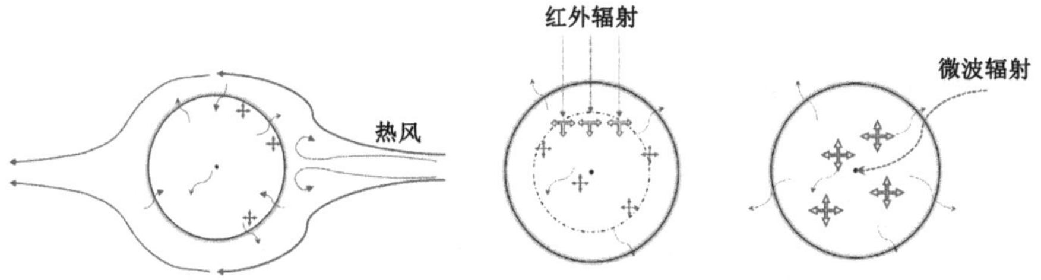

图 2-1 干燥原理图

热风干燥时，热风经过物料表面，将表面水分带走，物料内外水分形成浓度差，内部水分以液态或气态形式向表面迁移。同时热风对流将热量传递至物料表面，通过热传导将热量缓慢传递至物料内部，直至内部温度与表面温度接近，干燥结束。整个干燥过程热湿传递方向相反，不利于干燥提速。

在红外干燥初期，红外辐射穿透至物料一定深度，由于红外辐射的热效应，物料浅层水分被加热并蒸发，此时该处温度大于空气和物料中心温度，但物料表面的水分不能被及时带走，物料内部水分迁移仅依靠浓度差，其速率甚至不如热风干燥时的。到了中后期，表面的水分降低，吸收红外线少，而物料中心处吸收的红外线多，所以内部温度较高，热湿传递方向一致，干燥速率较快。

微波辐射相比红外辐射具有更强的穿透性和热效应，微波干燥开始时，微波辐射可以直接穿透至物料内部，湿物料在微波的作用下温度迅速上升，且温度内高外低，热量传递方向与水分迁移方向一致，大量内部水分甚至直接蒸发以气态形式迁移，干燥过程极快。

2.1.2 干燥特点

热风干燥成本低廉，设备结构简单，容易控制，处理体量大，产品色泽较好。但受热不均匀，容易导致物料之间干燥效果差距大，需要合理设计干燥室内气流组织；同时干燥时间长，物料营养成分易流失，能量利用率低，经济效益指标较低。

红外辐射直接作用于物料进行加热，不需要介质，干燥时间短，能量利用率高；物料内外受热较均匀，温度可控性强，可避免局部变焦，干燥产品品质好；设备投资费用低，生产环保可靠。但红外干燥也存在一定局限性，如红外辐射的穿透性有限，导致在不同农产品中的穿透能力有所差距；此外，因每种食物成分都具有特定的红外吸收带，红外装置选择难以保证普适性[69]。

微波加热速度快、均匀，干燥效率高；微波具有杀菌和消灭病毒作用，能够抑制微生物滋生和相关酶的活性[47]；微波热惯性小、易控制，可随开随关。但如果持续进行微波干燥，物料会因局部过热而焦化，同时由于金属在微波环境的放电性，微波干燥对物料载体有一定要求。

花椒颗粒微小，表皮色泽易变，油苞极易破裂，且营养成分种类多，对于干燥环境有较高要求。因为干燥花椒的复杂性，单独一种干燥方式很难保证产品质量[47]。联合干燥方式不仅可有效避免单一干燥方式的不足，同时还能吸收其他干燥方式的优点[69]。例如在干燥初期可利用热风干燥优势及时带走表面水分，避免辐射加热过猛，大量水分在物料表面蒸发致使物料表面硬化，甚至蒸煮物料。

2.2 薄层物料干燥动力学

干燥动力学研究通常是对薄层物料干燥过程中的水分含量变化进行数学曲线描述，并建立数学模型。为了探究某种物料的干燥特性，选取少量样品先在实验室进行小规模的干燥动力学研究，获得适合该物料的干燥工艺参数，为后续工业化干燥实践提供理论依据[70]。

花椒颗粒表皮极皱缩，可见许多呈疣状突起的油腺，果皮内为光亮种子。干燥至一定程度时表皮收缩且开裂，呈两瓣状。因花椒颗粒尺寸小(直径 4～6 mm)、质量轻、结构复杂，干燥时每个颗粒内部的传热传质特性不同，所以对花椒颗粒进行干燥研究极为不便，通常将花椒颗粒堆积为薄层模型，视其为多孔介质进行研究。

2.2.1 干燥动力学模型

在自然界中，任何由固体骨架以及相互连接的孔隙所组成的材料，都可被描述为多孔介质，如土壤、沙子、煤、生物中的皮肤/膜/细胞、工业过滤器、混凝土等[71]。根据多孔介质孔隙中流体的相态，多孔介质分为饱和多孔介质和非饱和多孔介质：当多孔介质的孔隙中充满单一组分流体时，称为饱和多孔介质；当孔隙中含有两种及以上流体时，称为非饱和多孔介质[72]。花椒属于典型的非饱和多孔介质，孔隙中的水分以液态和气态两种形式存在。非饱和含湿多孔介质质量、动量和能量的传递过程非常复杂，是具有相变、流动和传热的多过程耦合[73-74]。

干燥过程中多孔介质内热湿传递形式多样，包含热传导、热对流、热辐射以及气液相变等多种热量交换形式和液态扩散、毛细作用、蒸发冷凝等水分迁移现象。就干燥过程中物料内的热湿传递，在宏观层面得出了系列干燥动力学模型[75]，主要包括理论方程、经验方程、半理论半经验方程[62,76]。根据 Fick 第二定律推出的理论方程解释了干燥过程中的水分迁移机制，其参数具有物理意义，但理论方程仅考虑了扩散效应，不符合干燥实际。经验方程是基于大量试验数据建立的物料水分比与时间的关联式，考虑到了各干燥条件因素，精度较高，但建模过程依赖大量试验数据，且模型适用性不强。半理论半经验方程则以理论方程为基础，在运用试验数据的同时将其他干燥因素考虑到方程中，兼具理论方程和经验方程优点，更接近物料实际干燥过程，精度高，应用范围广。

2.2.2 干燥试验参数

花椒干燥动力学研究所需的相关试验参数如下。

(1) 初始含水率及安全含水率

根据恒温烘干法，用式(2-1)计算初始含水率 M_0(%)[77]：

$$M_0 = \frac{m_0 - m_{\mathrm{dm}}}{m_0} \times 100\% \tag{2-1}$$

式中 m_0——花椒样品初始质量，g；

m_{dm}——花椒样品干燥质量，g。

测得该批次大红袍花椒初始含水率为 48.27%(45 ℃，恒温 10 h)，与郑严等[53]测得的数据(50.46%)相近。

为保证大红袍花椒能在日常条件下储藏，需将新鲜大红袍花椒内的水分干燥至一定范围，以降低其活性，避免霉变。一般将安全含水率作为达到干燥要求的标准，当物料降低到安全含水率或以下时，干燥结束。依据已有研究，取花椒的安全含水率为 10%[58]。

(2) 干(湿)基含水率

干基含水率为物料中水分质量与物料干物质质量之比；湿基含水率为物料中水分质量与总质量(水分质量加上干物质质量)之比。

干基含水率计算式为[27,78-79]：

$$M_t = \frac{m_t - m_{\mathrm{dm}}}{m_{\mathrm{dm}}} \tag{2-2}$$

式中 M_t——t 时刻花椒干基含水率，g/g；

m_t——t 时刻花椒的质量，g。

湿基含水率计算式为[80]：

$$M_{\mathrm{c}} = \frac{m_{\mathrm{w}}}{m_{\mathrm{dm}} + m_{\mathrm{w}}} \tag{2-3}$$

式中 M_{c}——湿基含水率，g/g；

m_{w}——花椒干燥时刻的水分质量，g。

干、湿基含水率之间关系式为[79]：

$$M_t = \frac{M_{\mathrm{c}}}{1 - M_{\mathrm{c}}} \tag{2-4}$$

(3) 水分比

花椒干燥过程中的水分含量多少通常用水分比 R_{M} 来表示，R_{M} 的定义公式如下[79]：

$$R_{\mathrm{M}} = \frac{M_t - M_{\mathrm{e}}}{M_{t0} - M_{\mathrm{e}}} \tag{2-5}$$

式中 R_{M}——水分比；

M_e——花椒样品的平衡含水率；

M_{t0}——花椒初始干基含水率，g/g。

因为平衡含水率非常小，上式简化为[80]：

$$R_M = \frac{M_t}{M_{t0}} \tag{2-6}$$

（4）干燥速率

干燥速率 R_D 的计算公式如下[78,80]：

$$R_D = \frac{M_{t_2} - M_{t_1}}{t_2 - t_1} \tag{2-7}$$

式中 R_D——干燥速率，g/(g·min)；

M_{t_2}——t_2时刻花椒干基含水率，g/g；

M_{t_1}——t_1时刻花椒干基含水率，g/g。

（5）有效水分扩散系数

有效水分扩散系数通常由 Fick 第二定律推导得出，揭示了在干燥过程中内部水分扩散难易程度，Fick 第二定律表达为[79]：

$$\frac{\partial M}{\partial t} = D_{eff}\,\nabla^2 M \tag{2-8}$$

式中 D_{eff}——有效扩散系数，m^2/min；

M——花椒干基含水率，g/g；

t——干燥时间，min。

一般，上式可简化为：

$$\frac{\partial M_t}{\partial t} = D_{eff}\left[\frac{\partial^2 M_t}{\partial r^2} + \frac{c}{r}\cdot\frac{\partial M_t}{\partial r}\right] \tag{2-9}$$

式中 r——花椒半径，取 5×10^{-3} m；

c——几何参数，对于球形物料 c 取 2[79]。

忽略干燥过程中物料形变和外部阻力，假设物料各向同性，将式(2-9)两边积分可得：

$$R_M = \frac{M_t}{M_{t0}} = \frac{6}{\pi^2}\sum_{n=1}^{\infty}\frac{1}{n^2}\exp\left(-n^2\pi^2\frac{D_{eff}t}{r^2}\right) \tag{2-10}$$

式中 n——扩散模态阶数。

对于长时间干燥，仅需保留 $n=1$ 项[79,81]，并可表示为对数形式[79]：

$$\ln R_M = \ln\frac{6}{\pi^2} - \pi^2\frac{D_{eff}t}{r^2} \tag{2-11}$$

通过对水分比随时间变化曲线线性回归，得出拟合方程 $\ln R_M = kt + b$，利用斜率 k 即可计算出有效扩散系数。

2.3 Weibull 分布函数

Weibull 分布函数对物料干燥过程中的水分变化规律能有较好的拟合精度，广泛应用于黄芪[27]、红辣椒[82]、猕猴桃[83]、枸杞[84]、平贝母[85]等干燥动力学领域。而且不同于常用的 Newton、Wang and Singh、Page、Midilli 等薄层干燥动力学模型，Weibull 分布函数的尺

度参数 α 和形状参数 β 能够与工艺参数有效结合，有助于更深入地了解物料干燥机制。

Weibull 分布函数表达式如下[86]：

$$R_{\mathrm{M}} = \exp\left[-\left(\frac{t}{\alpha}\right)^{\beta}\right] \tag{2-12}$$

式中 α——尺度参数，min，与干燥速率有关；

β——形状参数，无量纲，与干燥速率和水分迁移有关。

选用决定系数 R^2、残差平方和 RSS 与卡方 χ^2 作为 Weibull 模型拟合效果的评价标准。实际值与预测值之间的 R^2 值越大、RSS 和 χ^2 值越小，则说明模型拟合效果越好[63,87]。

$$R^2 = 1 - \frac{\sum_{i=1}^{N}(R_{\mathrm{M,pre},i} - R_{\mathrm{M,exp},i})^2}{\sum_{i=1}^{N}(\overline{R}_{\mathrm{M,pre}} - R_{\mathrm{M,exp},i})^2} \tag{2-13}$$

$$\mathrm{RSS} = \sum_{i=1}^{N}(R_{\mathrm{M,pre},i} - R_{\mathrm{M,exp},i})^2 \tag{2-14}$$

$$\chi^2 = \frac{\sum_{i=1}^{N}(R_{\mathrm{M,exp},i} - R_{\mathrm{M,pre},i})^2}{N-n} \tag{2-15}$$

式中 $R_{\mathrm{M,exp},i}$——第 i 个水分比试验值；

$R_{\mathrm{M,pre},i}$——第 i 个水分比预测值；

$\overline{R}_{\mathrm{M,pre}}$——通过该模型得到的平均预测水分比；

N——试验值个数；

n——预测值个数。

Weibull 分布函数可用来估算干燥过程的有效水分扩散系数，而不需要考虑干燥过程物料内外水分扩散规律[88]。有效水分扩散系数估算如下式[27]：

$$D_{\mathrm{cal}} = \frac{r^2}{\alpha} \tag{2-16}$$

式中 D_{cal}——有效水分扩散系数估算值，$\mathrm{m^2/min}$。

有效水分扩散系数和有效水分扩散系数估算值之间关系可用几何参数 R_{g} 表示[86]：

$$R_{\mathrm{g}} = \frac{D_{\mathrm{cal}}}{D_{\mathrm{eff}}} \tag{2-17}$$

2.4 BP 神经网络模型

神经网络具备较强的非线性学习和数据运算、传递、预测能力[89]。BP 神经网络(back-propagation network)是由 Rumelhart 和 McClelland 于 1986 年提出的一种误差逆向传播算法的多层前馈网络[77]，具有强大的非线性映射能力与自适应记忆、联想记忆、自我学习和并行信息处理等能力，能够模仿人脑神经系统存储、检索和处理信息，具有良好的容错能力，非常适合复杂系统的建模和控制[90]。

当前，BP 神经网络越来越广泛地应用于处理农产品加工过程中各种技术参数之间的复杂关系。在干燥领域许多学者运用 BP 神经网络模型对农产品干燥过程水分进行了建模分析。Sun 等[91]运用 BP 神经网络研究了热风干燥过程小麦含水量随干燥时间的变化，模型的拟合回归系数大于 0.999，小麦含水量的试验值与模型预测值基本一致；朱凯阳等[92]用 BP 神经网络建立了带壳鲜花生在红外-喷动干燥过程含水率预测模型，该 BP 神经网络模型对鲜花生干燥过程的含水率表现出非常优秀的预测性能，其相对误差相较于传统的数学模型预测减少了 9.79%；罗传伟[93]通过 BP 神经网络模型直接、准确预测了花椒真空干燥过程中的水分比变化，表明 BP 神经网络也能适用于花椒干燥过程失水特性的研究。综上表明，BP 神经网络模型在预测农产品干燥过程水分含量的变化方面具有较强的适应性和良好的仿真效果，且相较于传统的数学模型操作更为简单、精确。

2.4.1 BP 神经网络构成

BP 神经网络是一大规模的网络结构，由输入层、隐藏层和输出层三部分组成。图 2-2 为 BP 神经网络的拓扑结构。

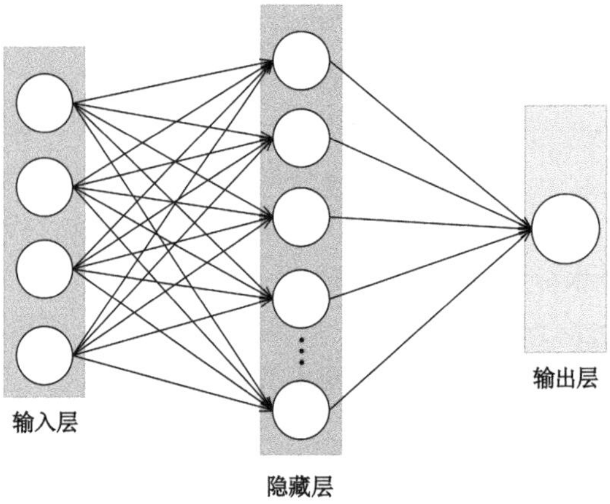

图 2-2 BP 神经网络的拓扑结构

输入层和输出层是信息的输入和输出端，隐藏层可进行非线性变换，是 BP 神经网络主要的信息处理端。隐藏层可以根据层数划分为单隐藏层和多隐藏层，多隐藏层由多个单一的隐藏层组成，具有更高的泛化能力和预测精度，但训练时间也更长。应根据模型的实际需求，综合考虑隐藏层的选择。

BP 神经网络的特点是信号前向传递，误差反向传播。将输入数据分为训练集、测试集和验证集，训练集数据正向传播，测试集的误差信号反向传播，验证集用来检验模型的性能。先将试验数据从输入层导入，经过函数计算进入隐藏层再计算，最后由输出层输出预测值。当输出的预测值与试验值不符或误差较大时，网络模型则开始反向传播，将输出误差通过隐藏层返回输入层，调整网络的权值和阈值。通过对 BP 神经网络不停反复运算，逐步降低预报数据误差值，直到网络反映出的误差符合预定设置的初始误差值后停止运算[89]。

BP 神经网络的每一层都由许多简单的人工神经元组成。人工神经元是人工神经网络最基本的信息单位，不同层之间人工神经元相互连接并行计算以进行数据处理。输入层和输出层的神经元（节点）数量可以根据输入变量和输出变量确定。而隐藏层的节点数量一般通过经验公式得出范围，再根据不同节点的训练效果选择最佳节点数。

图 2-3 为人工神经网络的神经元模型，$x_1, x_2, \cdots, x_D$ 为来自上一层神经元的输入信号，

$w_1, w_2, \cdots, w_D$为与上一层神经元连接的权值，b 为阈值，f 为激活函数。所有输入信号都通过一个权值连接，求和单元将这些输入信号和权值求和并与神经元阈值对比，最后经激活函数输出。权值的正、负值分别表示激活、抑制，权值为 0 则意味着这一信号的改变不会影响输出。

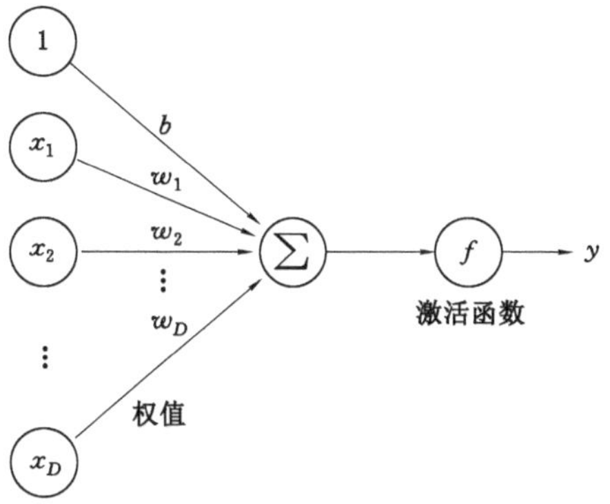

图 2-3 人工神经网络的神经元模型

激活函数也被称为传递函数，保证神经元输出在[-1,1]或者[0,1]之间[76,92]。常用的传递函数有以下几种。

(1) 线性函数

表达式如下[93]：

$$y = f(x) = x \tag{2-18}$$

(2) 对数 S 形函数

表达式如下[76,93]：

$$y = f(x) = \frac{1}{1 + e^{-x}} \tag{2-19}$$

(3) 双曲正切 S 形函数

表达式如下[76,93]：

$$y = f(x) = \frac{1 - e^{-x}}{1 + e^{-x}} \tag{2-20}$$

2.4.2 数据归一化处理与模型相关性检验

由于输入层的不同节点代表不同量纲的变量，因此，为使输入的每个样本变量保持同样重要的位置，也为了防止权值调整到误差的平坦区域，需要对输入样本进行归一化处理，样本输入值经归一化处理后均在[-1,1]之间。归一化公式如下[93]：

$$x_i = \frac{x - x_{\min}}{x_{\max} - x_{\min}} \tag{2-21}$$

式中 x_i——归一化后数值；

x——试验值；

$x_{\max}, x_{\min}$——试验值中最大和最小值。

在运用 MATLAB 软件通过 BP 神经网络模型预测干燥过程中农产品水分变化时，许多学者以相关系数 R 和均方误差 MSE 对 BP 神经网络模型进行评价[76,89,94]。通常认为 R

值越接近 1、MSE 值越接近 0 模型预测效果越好。相关公式为：

$$R = \frac{\sum_{i=1}^{n}(R_{\mathrm{M,pre},i} - R_{\mathrm{M,exp},i})}{\sqrt{\sum_{i=1}^{n} R_{\mathrm{M,pre},i}^{2}} \cdot \sqrt{\sum_{i=1}^{n} R_{\mathrm{M,exp},i}^{2}}} \tag{2-22}$$

$$\mathrm{MSE} = \frac{1}{n}\sum_{i=1}^{n}(R_{\mathrm{M,pre},i} - R_{\mathrm{M,exp},i})^{2} \tag{2-23}$$

值得注意的是，相关系数 R 与决定系数 R^2 并无联系。相关系数 R 的区间为$[-1,1]$，$R>0$，说明两个变量间呈正相关；$R<0$，则呈负相关；$R=0$，表示不相关。

3 花椒多孔干燥动力学

热风干燥、热风-红外联合干燥、热风-微波联合干燥的剧烈程度依次增强，本章针对农产品干燥领域热风湿度对干燥特性影响研究较少的问题[95]，以大红袍花椒为研究对象，分析三种干燥过程的水分比变化曲线、干燥速率曲线，得出不同干燥方式所需干燥时间。同时使用 Weibull 分布函数和水分扩散系数对干燥过程进行解析，构建 Weibull 分布函数模型和 BP 神经网络模型，并分析热风湿度对大红袍花椒干燥的影响。

3.1 干燥前期调研

在前期研究工作中，对陕西省农村目前应用较多的花椒烘烤土炉进行了深入调查，对大红袍花椒自然晾晒干制程序、注意事项以及大红袍花椒鲜贮工艺进行了研究，对于将鲜贮花椒冷库系统冷凝器释放的热量作为干贮烘干房制热系统蒸发器热源的一部分，进而达到节能利用的联产方式进行了一定的探讨。采用薪柴及煤炭花椒烘干炉进行大红袍花椒干燥试验，结果表明：干燥过程宜分为初期、中期、后期三个阶段，其中初期对干燥品质影响极大，极限温度为 45 ℃，且升温速度不宜过快；整个干燥过程最高温度不宜超过 62 ℃，干燥室空气流场速度为 0.4～1.0 m/s 时最佳，这为搭建太阳能-热泵联合花椒干燥装置及研究烘干工艺提供了基础数据。

相比于针对其他农产品干燥介质多种因素的分析，花椒热风干燥及与其他干燥方式联合干燥的研究主要停留在温度、风速层面。目前仅发现有学者研究了热泵干燥青花椒时，相对湿度对青花椒色泽、麻味物质和挥发油含量的影响[96]。基于相对湿度对大红袍花椒干燥动力学影响的研究还未发现。然而，物料与干燥介质之间的水分迁移是由于物料表面与干燥介质之间的浓度差，而总干燥时间主要取决于干燥介质的相对湿度[97]。在其他果蔬干燥方面对相对湿度控制的研究已经较为普遍[27,29,32,91]，提出多级相对湿度控制及自适应相对湿度控制策略，这种干燥策略兼具干燥初期高湿、高焓、高传热和干燥后期低湿、高干燥速率的优势。但并不是所有物料都适用于相对湿度控制的干燥策略，相对湿度对大红袍花椒干燥过程是否有影响还需进一步分析。

表 3-1 为几个常用干燥条件下的湿空气状态参数，在相同温度下，焓值随着相对湿度的增加而增大，低相对湿度条件的水蒸气分压更低，从而使物料在相对湿度较低的干燥介质中干燥时，水分迁移拥有更大的“驱动力”，从而缩短干燥时间。这说明相对湿度在干燥过程中是不可忽略的因素。

表 3-1　湿空气状态参数

序号	干球温度/℃	相对湿度/%	焓值/(kJ·kg^{-1})	露点温度/℃	水蒸气分压/Pa
1	60.0	20.0	127.1	28.8	3 986.6
2	60.0	30.0	162.5	35.9	5 980.1
3	60.0	40.0	199.4	41.0	7 973.5
4	60.0	50.0	237.8	45.2	9 966.9
5	56.3	25.0	127.1	29.7	4 190.0
6	53.4	30.0	127.1	30.4	4 375.1

根据巨浩羽[88]的研究，可以通过连续排湿热风干燥过程中干燥速率曲线和物料内部温度曲线来判断相对湿度控制是否适用于该物料。例如，以桂圆为代表的表面具有坚硬外壳的物料并不适宜用控制相对湿度的干燥方式，其干燥速率曲线只存在降速期，干燥过程内部温度也无阶段性变化，而是迅速上升与干燥介质温度保持一致。因此，先进行了一组连续排湿的热风干燥预试验(热风温度 60 ℃、风速 1.5 m/s、装载量 150 g)，得出了大红袍花椒在连续排湿条件下内部温度变化曲线[图 3-1(a)]和干燥速率变化曲线[图 3-1(b)]。由图可知，大红袍花椒干燥过程内部温度变化分三个明显的阶段：前期预热迅速升温、中期温度持续上升、最后缓慢趋向稳定；且不同于青花椒干燥，大红袍花椒干燥速率存在明显的恒速期。这说明大红袍花椒适宜用相对湿度控制的热风干燥，控制相对湿度的变化可以改变花椒的干燥特性。

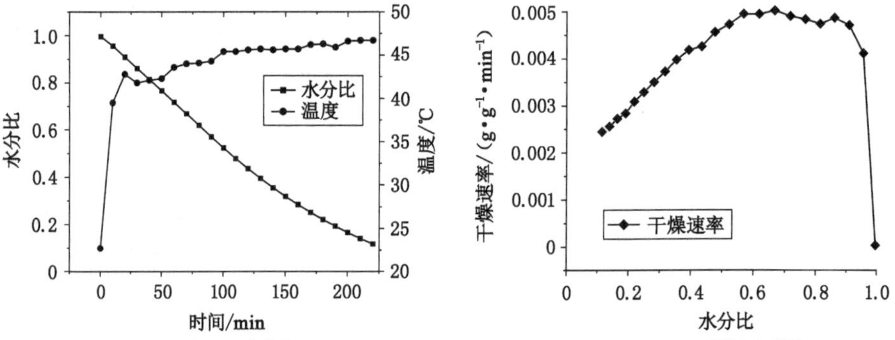

(a) 内部温度曲线　　(b) 干燥速率曲线

图 3-1　连续排湿热风干燥大红袍花椒内部温度曲线和干燥速率曲线

3.2　材料与方法

3.2.1　干燥预处理

新鲜的大红袍花椒原料从韩城市当地农户获取，大红袍花椒根据所用量分批次采摘，然后及时送至实验室，在 4 ℃的温度下冷藏，为避免冷藏时间过长影响花椒内部水分及品质，试验选用的花椒冷藏时间不超过三天。

农产品干燥预处理工艺有热烫[59]、冻融[98]、超高压[99]、渗透[100]等处理方式，在花椒干燥领域已有学者指出热烫处理有利于加快干燥速度，但还没有详细研究预处理方式对干燥动力学和品质的影响。试验前将大红袍花椒从冷藏室取出，选取颜色鲜艳、颗粒饱满的大红袍花椒，剪去枝干，去除表面杂质，称量后放入筛网托盘。大红袍花椒表面的油苞极易破裂，处理过程中应轻拿轻放，避免对花椒颗粒造成挤压。

3.2.2 干燥试验系统

根据大红袍花椒干燥动力学试验研究所需参数的要求，自行搭建了满足干燥介质温湿度调节控制、干燥过程中花椒质量实时记录的干燥系统。该系统由干燥室、送风系统、温度调节系统、加湿系统、控制系统和数据采集系统等组成，见图 3-2。

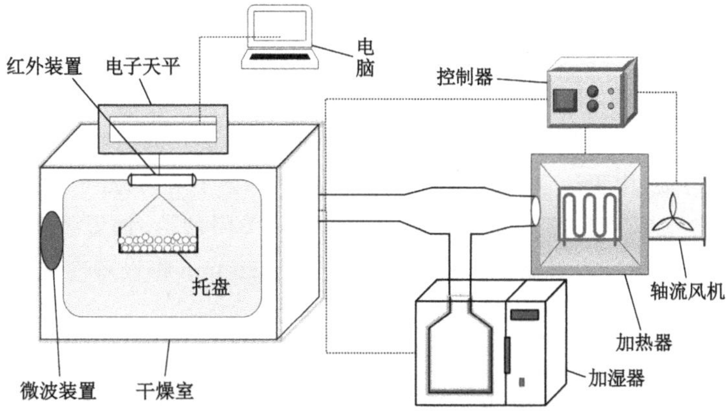

图 3-2 干燥试验系统示意图

干燥试验所使用的主要仪器信息如表 3-2 所列，其中风管和物料筛网托盘根据所需由相关厂家定制。风管由保温隔热材料组成；物料筛网托盘由不锈钢材料定制，长 0.20 m，宽 0.15 m。

表 3-2 主要仪器信息

序号	名称	数量	型号	厂家	其他
1	电极式蒸汽加湿器	1	KF1534	国祥净化	—
2	干式翅片加热管	3	G-11	Groot	—
3	SF 型低噪声轴流风机	1	SF3-2	来日	—
4	电子天平	1	PWN423ZH/E	OHAUS	精度±0.002 g
5	无纸记录仪	1	LU-R3000	安东电子	精度±0.2%F.S.①
6	PC	1	Legion-R7000	联想	—
7	风速仪	1	AR866A	SMART SENSOR	1%
8	温度控制仪	1	LU-920	安东电子	精度±0.2%F.S.①
9	单相风机调速器	1	YY-FTQS	德力西	±5%
10	可控硅晶闸管	3	MFC55A	椿树	—
11	K 型热电偶	4	TT-K-30-SLE	OMEGA	精度±0.75%T②
12	碳纤维远红外石英灯	1	—	济南瑞倩环保	波长 3～14 μm，功率 400 W
13	微波装置	1	P70D20TL-04	格兰仕	功率 280～595 W

注：① F.S. 表示满量程值。
② T 表示感温元件实测温度值。

试验步骤为：

(1) 打开电源开关，启动轴流风机，使用风速仪测量干燥室内中心处风速，通过功率调节器调节风机转速以达到所需风速值。

(2) 轴流风机将空气输送到加热器，加热管加热空气为热空气，然后启动电极式蒸汽加湿器，热空气与产生的蒸汽在管道内混合以达到所设定的相对湿度，最后送往干燥室。为了便于试验的进行，视干燥室入口处热风温湿度为干燥室内温湿度。在干燥室送风口处布置热电偶和湿度传感器，将干燥室入口处热风的温湿度分别反馈至加热和加湿装置，从而达到温湿度控制的目的。

(3) 待干燥室温湿度和风速数值稳定 5 min 后，将装有物料的筛网放入干燥室与上面电子天平相连，然后打开电脑软件设置每 5 s 读取一次质量。同时物料薄层内插入热电偶与物质记录仪相连接，用于记录物料内部温度的变化。

(4) 当物料含水率降至安全含水率时，干燥结束，关闭加热、加湿装置，将物料取出，待其冷却至室温后用保鲜袋密封储藏。待风机继续运行 20 min 将设备冷却后再关闭风机，关掉电源。

3.2.3 试验设计

在热风风速恒为 1.5 m/s 情况下进行多因素交叉干燥试验，为减小试验误差，每组试验重复三次。热风干燥试验选取热风温度、湿度以及花椒装载量作为试验变量；热风-红外联合干燥以热风温度、湿度和花椒装载量作为试验变量；热风-微波联合干燥以热风温度、湿度以及微波功率作为试验变量。参考花椒干燥研究现状，具体变量取值如表 3-3 所列。因花椒为小颗粒不易于控制厚度，故以装载不同质量的花椒颗粒形式突出花椒薄层厚度的影响。

表 3-3 大红袍花椒干燥试验变量与数值

变量	热风温度/℃	热风相对湿度/%	花椒装载量/g	微波功率/W
数值	50,60,70	10,30,50	100,150,200	280,462,595

为进一步探究热风湿度对干燥过程的影响，在热风干燥时设计了阶段降湿试验，试验过程中热风温度和风速恒为 60 ℃和 1.5 m/s，花椒装载量为 150 g。阶段降湿策略为前期高湿(50%、30%)，然后持续一段时间(20、30 min)后相对湿度降为 10%，继续干燥花椒至安全含水率，见表 3-4。

表 3-4 阶段降湿干燥试验设计与试验参数

干燥方式	干燥策略	第一阶段湿度/%	第一阶段持续时间/min	第二阶段
阶段降湿	30%-20 min	30	20	相对湿度 10%至结束
	50%-20 min	50	20	
	50%-30 min	50	30	

3.3　干燥特性

在不同试验工况下，大红袍花椒热风干燥、热风-红外联合干燥、热风-微波联合干燥过程中水分比随时间变化曲线以及干燥速率随水分比变化特性如下。

3.3.1　热风干燥

图 3-3 表示大红袍花椒热风干燥水分比随时间的变化曲线。

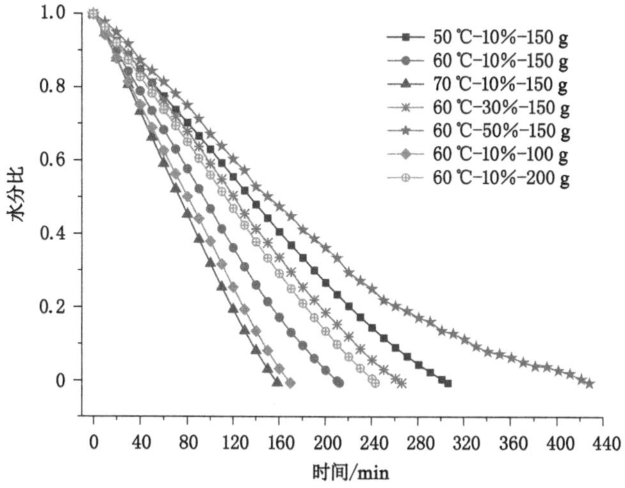

图 3-3　热风干燥水分比随时间变化曲线

由图 3-3 可见，干燥时间与温度呈负相关，与相对湿度、装载量呈正相关。温度越高、相对湿度越低、装载量越少，大红袍花椒失水越快，同一时间的水分比越低。当相对湿度与装载量恒定(10%、150 g)，热风温度分别为 50、60、70 ℃时，干燥结束所需时间分别为 305、212、158 min，热风温度从 50 ℃升高至 70 ℃，干燥时间缩短了 48%；当温度与装载量恒定(60 ℃、150 g)，相对湿度分别为 10%、30%、50%时，所需干燥时间分别为 212、265、427 min，可见，相对湿度为 10%时所需干燥时间相比于相对湿度为 50%时的缩短了近一半。当温度与相对湿度恒定(60 ℃、10%)时，托盘装载 100、150、200 g 大红袍花椒所用干燥时间分别为 169、212、243 min，装载 100 g 大红袍花椒所需干燥时间较 200 g 装载量时的缩短了 30%。这是因为温度梯度和水分浓度梯度是花椒湿分迁移的主要“驱动力”，热风与花椒颗粒发生对流时，热风不仅将热量传递至花椒内部，还促使花椒表面水分不断蒸发，降低其表面水分浓度，温度越高，作用越明显。同时，低湿的热风能与花椒内部水分形成更大的浓度差，驱使花椒内部水分更快向其表面迁移，并被热风及时带走，从而连续传质。随着大红袍花椒装载量的增多，薄层厚度增加，对整个花椒干燥薄层而言，物料内部水分迁移至外界以及热量传递至物料内部的路径延长，内部干燥阻力增大，需要消耗更多时间输送水分。对于花椒颗粒而言，较少的装载量能够保证更多的花椒颗粒完全暴露在干燥介质中，相对干燥面积较大，干燥速率加快，缩短干燥时间，且花椒颗粒受热均匀，避免了局部焦化或干燥不完全。

大红袍花椒热风干燥速率随水分比变化见图 3-4。

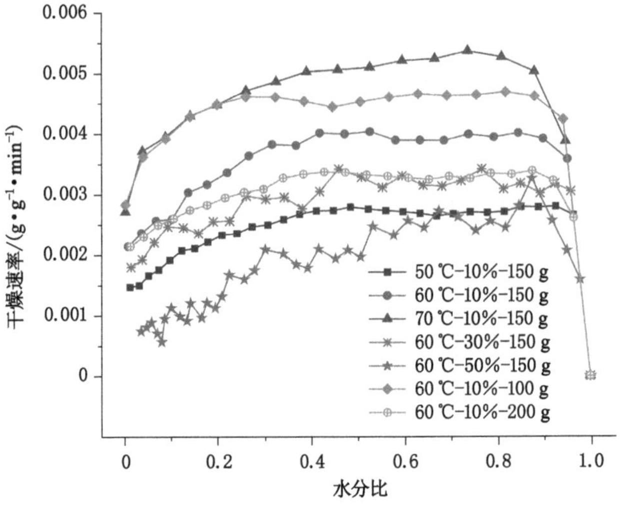

图 3-4　热风干燥速率随水分比变化曲线

由图 3-4 可看出，大红袍花椒热风干燥过程有三个明显的阶段，分别是前期预热升速阶段、中期恒速阶段、后期降速阶段。在预热升速阶段，干燥介质与物料初接触，物料开始被加热干燥，干燥速率很快上升至最大值，此阶段主要是带走物料表面上的液态水分。然后进入干燥速率较为稳定的恒速阶段，此阶段主要去除花椒内部游离的自由水。在恒速阶段，花椒内部水分迁移至表面速率快于表面水分蒸发，内部的水分（主要为液态形式）能够源源不断地输送至花椒表面，整个花椒薄层的干燥速率取决于外部干燥速率。由于外部干燥机制的干燥条件没有发生改变，外部干燥速率恒定，从而整体干燥过程呈现出恒速状态。随着大量水分被持续蒸发，花椒表皮收缩，干燥表面向物料内移动，此时内部水分迁移速率慢于外界，干燥进入降速阶段。降速阶段主要去除的是大红袍花椒内的结合水，干燥速率不仅取决于内外温度差和水分浓度差，还与物料自身形态结构相关，干燥阻力增加。因此，在干燥前期和中期，外界条件的改变对干燥速率影响显著，升温降湿以及减少花椒的装载量都能提高干燥速率，从而减少干燥时间。

装载 100 g 大红袍花椒干燥时，在进入降速阶段前出现了二次升速，这是因为装载的花椒量较少，花椒表皮突然爆裂导致干燥介质与花椒有效接触面积增大，从而对干燥速率造成影响，水分扩散增加。在 50％相对湿度干燥条件下，花椒初期干燥阶段干燥速率存在骤然升高现象，这是高湿度热风促进了花椒薄层温度上升所导致。针对该现象，应用阶段降湿干燥方式对大红袍花椒热风干燥进行了进一步探究。

热风阶段降湿（湿度控制，热风温度 60 ℃，花椒装载量 150 g）干燥水分比变化见图 3-5。

由图 3-5 可看出，对于 30％-20 min、50％-20 min、50％-30 min 的阶段降湿干燥策略所需的干燥时间分别为 228、206、224 min。保持 50％相对湿度20 min 后恒定 10％相对湿度有利于缩短干燥时间，相比相对湿度恒为 10％条件还缩短了6 min。采用 30％-20 min 和 50％-30 min 干燥策略所需干燥时间虽远短于相对湿度恒定 30％和 50％的所需干燥时间，但相比恒定 10％相对湿度情况，干燥时间分别延长了 16、12 min。可见，在干燥初期采用较

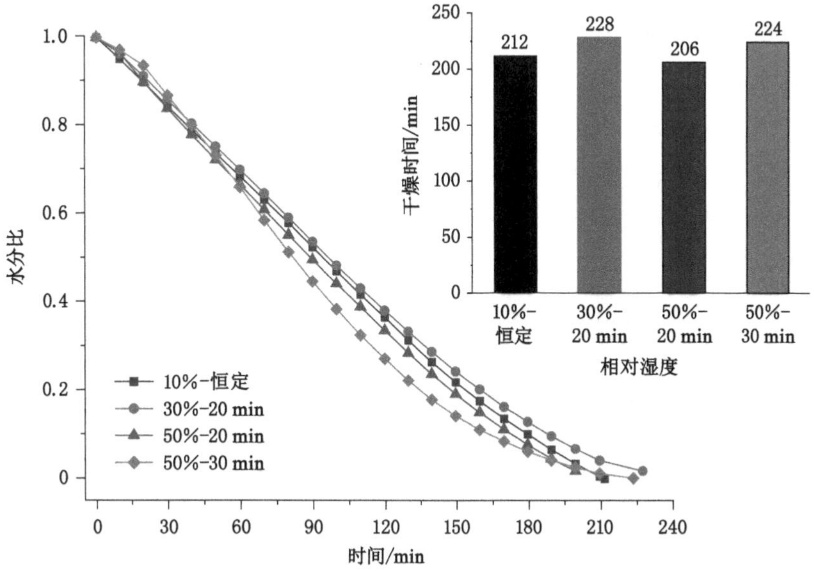

图 3-5　热风阶段降湿干燥水分比随时间变化曲线

高相对湿度的热风并持续适宜的时间才有利于缩短大红袍花椒热风干燥时间。

热风阶段降湿(热风温度 60 ℃,花椒装载量 150 g)干燥速率变化见图 3-6。

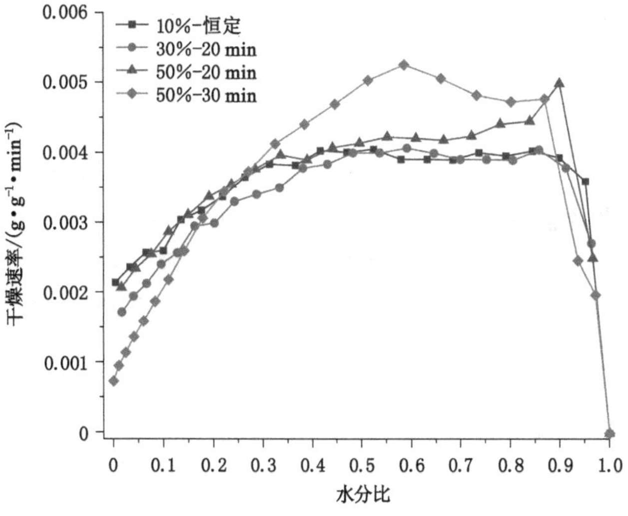

图 3-6　热风阶段降湿干燥速率随水分比变化曲线

由图 3-6 可看出,在干燥前期采用 50%相对湿度能有效提高干燥速率,而采用 30%相对湿度对于前期干燥速率影响并不明显。当 50%-20 min 情况的干燥速率达到最值时,50%-30 min 干燥速率仍处于缓慢上升阶段,50%-30 min 的干燥策略前期干燥速率极快,且出现了二次升速,但后期干燥速率骤然下降,导致总干燥时间并没有缩短。这可能是因为前期高湿持续时间较长,传热强烈,然后突然降湿,物料排湿量骤增,导致花椒出水孔隙收缩表面硬化结壳。

热风阶段降湿(热风温度 60 ℃,花椒装载量 150 g),大红袍花椒薄层干燥过程内部温度变化曲线如图 3-7 所示。

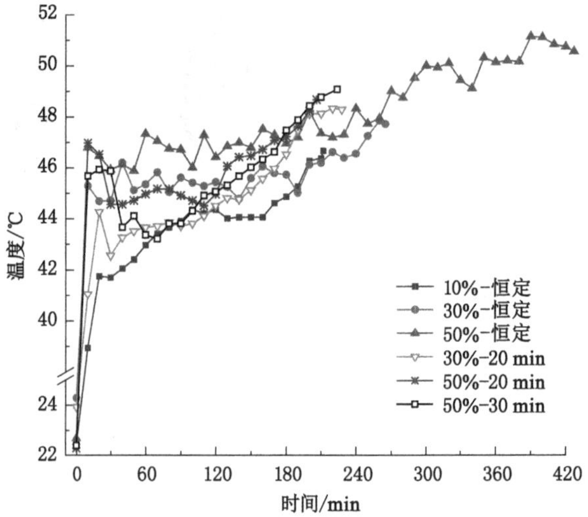

图 3-7　大红袍花椒内部温度变化曲线

由图 3-7 可以看出,在干燥预热升速阶段大红袍花椒内部温度迅速上升,前期相对湿度越大,内部温度也越高,因为高相对湿度对应更高焓值,促进热量传递,50%相对湿度热风相较于 30%相对湿度热风预热效果更明显。当热风的相对湿度突然降低,水分迅速蒸发吸收蒸发潜热,导致其内部温度降低[31]。在前 20 min 干燥时间段,热风相对湿度为 50%的干燥方式物料内部温度较高,且相差不大。在 20～30 min 干燥时间段,50%-20 min 和 30%-20 min 两种干燥策略停止加湿,内部温度短暂下降,此时 50%-30 min 干燥策略下的大红袍花椒由于持续加湿,其内部温度高于 50%-20 min 样品的。干燥 30 min 后,50%-20 min 和 30%-20 min 干燥策略下的大红袍花椒内部温度已经开始缓慢上升,50%-30 min 干燥策略因停止加湿,温度在一段时间内较低。最终所有干燥策略下的物料内部温度均慢慢接近干燥室内介质温度。结束时,前期相对湿度较大、持续时间较长的干燥策略结束点的物料内部温度略高。

3.3.2　热风-红外联合干燥

大红袍花椒热风-红外联合干燥水分比随时间变化曲线见图 3-8。

由图 3-8 可知,干燥时间与热风温度呈负相关,与热风相对湿度、花椒装载量呈正相关。热风温度越高、相对湿度越低、装载量越少,大红袍花椒失水越快,同一时间所对应的水分比也越低。当相对湿度与装载量恒定(10%、150 g),热风温度为 50、60、70 ℃时,干燥所需时间分别为 67.0、56.0、50.0 min,热风温度 70 ℃工况干燥所需时间相比 50 ℃工况时的缩短了 25%;当温度与装载量恒定(60 ℃、150 g),相对湿度分别为 10%、30%、50%时,所需干燥时间分别为 56.0、62.4、63.8 min,相对湿度 10%工况干燥所需时间相比 50%工况时的缩短了 12%;当温度与相对湿度恒定(60 ℃、10%)时,托盘装载 100、150、200 g 大红袍花椒所用干燥时间分别为 47.4、56.0、71.5 min,装载 100 g 大红袍花椒所需干燥时间较 200 g 装载

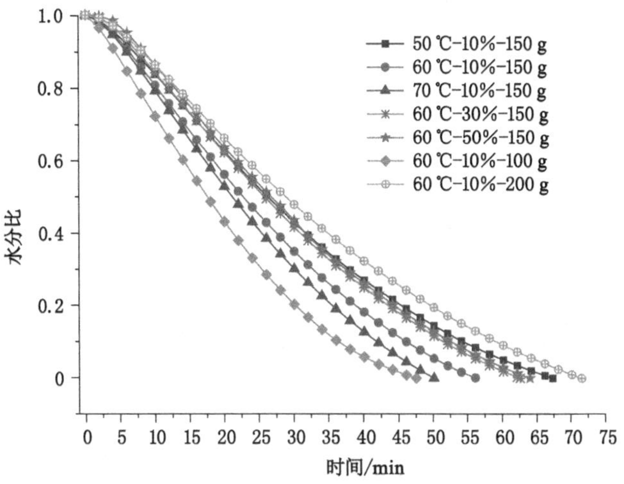

图 3-8 热风-红外联合干燥水分比随时间变化曲线

量时的缩短了 34%。相较于单一的热风干燥，热风-红外联合干燥时间显著缩短，干燥介质的温湿度对花椒干燥所需时间的影响略小，花椒的装载量变化对其影响更为明显。这是因为红外辐射具有一定穿透性和热效应，对物料的加热程度大于热风干燥，可加快物料内部升温和水分蒸发，同时能使干燥过程的热湿传递方向更快达到一致，促进水分扩散。相比较而言，在热风-红外联合干燥中热风温湿度的变化对花椒的影响较小。而花椒装载量变化的是花椒薄层的厚度，影响的是花椒薄层自身的内部干燥机制，即使在有红外辐射加速干燥过程的情况下，不同花椒装载量对干燥时间的影响同样明显。

大红袍花椒热风-红外联合干燥速率随水分比变化见图 3-9。

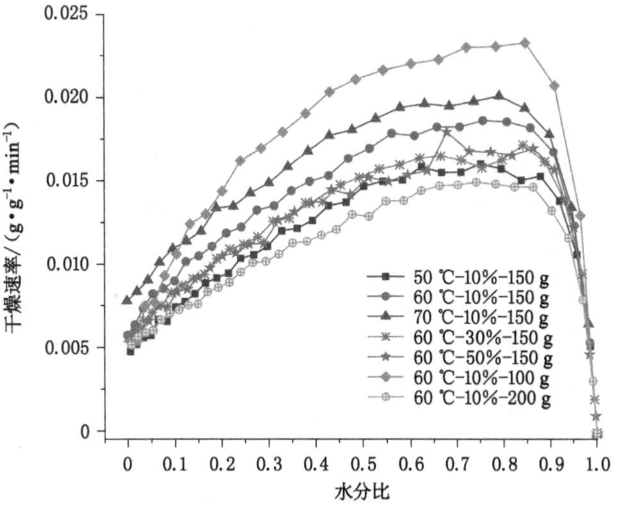

图 3-9 热风-红外联合干燥速率随水分比变化曲线

由图 3-9 可知，热风-红外联合干燥的干燥速率相比单一的热风干燥有了较大的提升，其干燥结束时最低点干燥速率仍有 0.004 88 g/(g・min)，而单一热风干燥最高点的干燥速率仅为 0.005 37 g/(g・min)。大红袍花椒热风-红外联合干燥也存在三个干燥阶段，但恒速期相较热风干燥持续时间短；升温、降湿以及花椒装载量的减少都能提高干燥速率，但热风温湿度变化带来的效果不如热风干燥时的明显。这是因为热风-红外联合干燥时，红外辐射是加快干燥的主要因素。在红外辐射的作用下，花椒表面的干燥速率大大提高，花椒内部水分迁移到花椒表面的速率很快就不及表面水分干燥速率，干燥很快便进入降速期，恒速期较短。而装载量改变的是花椒薄层自身厚度，所以对干燥的影响更为明显。装载 100 g 花椒时，因红外辐射可穿透花椒薄层，且花椒与外界相对接触面积较大，干燥速率极快，迅速进入降速期。

3.3.3 热风-微波联合干燥

图 3-10 为大红袍花椒热风-微波联合干燥水分比随时间变化曲线。

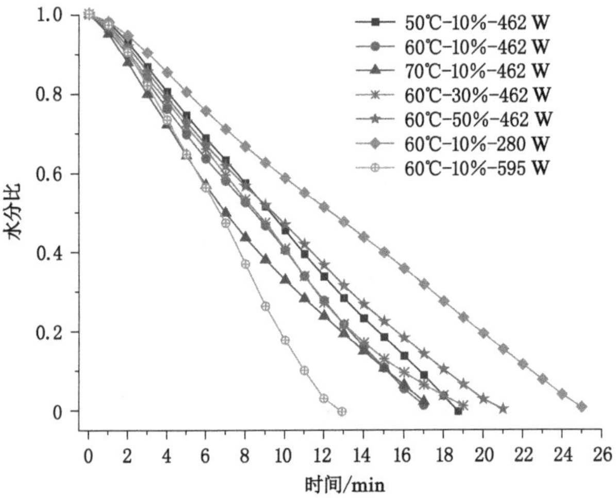

图 3-10 热风-微波联合干燥水分比随时间变化曲线

由图 3-10 可见，热风-微波联合干燥速度极快。干燥所需时间与热风温度、微波功率呈负相关，与热风相对湿度呈正相关。热风温度越高、相对湿度越低、微波功率越大，大红袍花椒失水就越快，同一时间所对应的水分比也越低。当热风湿度和微波功率恒定(10%、462 W)，热风温度分别为 50、60、70 ℃时，干燥所需时间分别为 18.7、17.0、16.9 min，热风温度 70 ℃工况干燥所需时间相比 50 ℃工况时的缩短了 7%；当热风温度和微波功率恒定(60 ℃、462 W)，相对湿度分别为 10%、30%、50%时，所需干燥时间分别为 17.5、19.0、21.0 min，相对湿度 10%工况干燥所需时间相比 50%工况时的缩短了 17%；当热风温度和相对湿度恒定(60 ℃、10%)，微波功率分别为 280、462、595 W 时，所需干燥时间分别为 25.0、17.5、12.9 min，595 W 微波功率干燥所需时间相比 280 W 微波功率时的缩短了 48%。由此可知，相比于热风干燥，大红袍花椒热风-微波联合干燥所需时间大大缩短。这是因为微波辐射穿透性和热效应极强，可瞬间升高物料内部温度，热湿传递方向始终一致，物料排湿剧烈。在微波辐射的强作用下，热风温湿度的变化对干燥的影响微乎其微，但在热风的作用下，输送至物料表面的水分可以被加速带走，避免了物料被“蒸煮”而发生褐变、焦化。

大红袍花椒热风-微波联合干燥速率随水分比变化曲线见图 3-11。

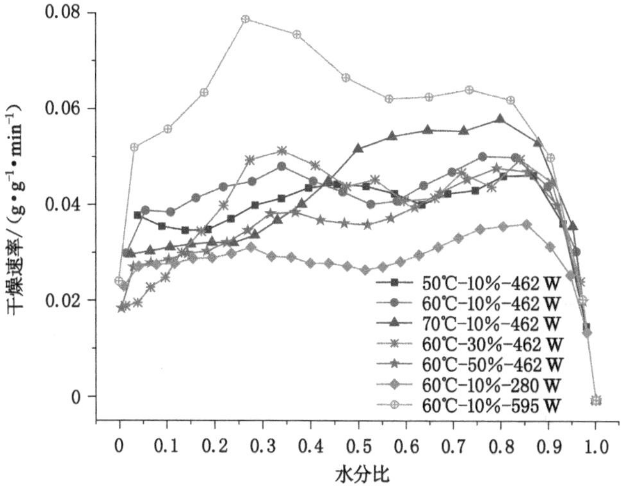

图 3-11　热风-微波联合干燥速率随水分比变化曲线

在大红袍花椒热风-微波联合干燥过程中，干燥速率极快，结束时最低点干燥速率仍有 0.018 86 g/(g·min)，远大于热风干燥全程最高干燥速率[0.005 37 g/(g·min)]，与热风-红外联合干燥最高点的干燥速率[0.023 30 g/(g·min)]所差不大。热风-微波联合干燥过程几乎不存在恒速期，干燥前期速率越快，越早进入降速期，因所处的干燥阶段不同，曲线交叉相错。升温、降湿以及增大微波功率都能提高干燥速率，但热风温湿度对干燥速率的影响远不及微波功率的作用。这是因为在剧烈的微波辐射作用下，物料内部温度瞬间上升，花椒内外热湿传递方向一致，物料表面干燥速率始终大于物料内部干燥速率，花椒内部液态水分甚至还未迁移至表面就已经蒸发，所以总干燥速率由内部水分干燥速率决定，干燥处于降速阶段。而在干燥过程中还出现二次升速，595 W 高功率下尤为明显，这可能是大部分花椒果皮在此刻爆裂，花椒果皮的暴露面积瞬间增加，花椒内部干燥阻力减小，郑严[77]的研究中也出现了此类现象。

3.4　Weibull 分布函数

3.4.1　热风干燥 Weibull 分布函数

通过 Weibull 分布函数对不同条件的大红袍花椒热风干燥曲线进行模拟，结果见表 3-5。可见 R^2 在 0.988 65～0.999 23 之间，RSS 在 0.002 02～0.028 76 之间，χ^2 在 $9.603\ 51\times10^{-5}$～$1.150\ 00\times10^{-3}$之间，说明 Weibull 分布函数能够很好地模拟大红袍花椒热风干燥过程。

表 3-5　热风干燥 Weibull 分布函数模拟结果

热风干燥条件			尺度参数	形状参数	决定系数	残差平方和	卡方
温度/℃	相对湿度	装载量/g	α/min	β	R^2	RSS	χ^2
50			163.280	1.568	0.990 07	0.028 76	$9.916\ 66\times10^{-4}$
60	10%		113.682	1.596	0.990 87	0.019 58	$9.789\ 15\times10^{-4}$
70			88.806	1.604	0.992 26	0.011 53	$8.238\ 33\times10^{-4}$
	10%		113.682	1.596	0.990 87	0.019 58	$9.789\ 15\times10^{-4}$
	30%	150	146.065	1.638	0.991 75	0.021 22	$8.488\ 69\times10^{-4}$
	50%		191.882	1.471	0.998 06	0.008 09	$1.972\ 36\times10^{-4}$
	30%-20 min		118.194	1.586	0.994 85	0.011 58	$5.515\ 21\times10^{-4}$
60	50%-20 min		108.640	1.571	0.992 99	0.014 25	$7.499\ 55\times10^{-4}$
	50%-30 min		101.240	1.701	0.999 23	0.002 02	$9.603\ 51\times10^{-5}$
		100	96.751	1.587	0.988 65	0.017 29	$1.150\ 00\times10^{-3}$
	10%	150	113.682	1.596	0.990 87	0.019 58	$9.789\ 15\times10^{-4}$
		200	136.177	1.618	0.989 81	0.024 02	$1.040\ 00\times10^{-3}$

尺度参数 α 表示干燥过程的速率常数，其值约等于干燥过程完成 63% 所需要的时间[27,101]。由表 3-5 可知，热风温度、相对湿度以及花椒装载量的改变对尺度参数 α 影响显著。温度从 50 ℃上升至 70 ℃，α 从 163.280 min 下降到 88.806 min；相对湿度从 10%上升至 50%，α 从 113.682 min 上升至 191.882 min；装载量从 100 g 增加至 200 g，α 从 96.751 min 上升至 136.177 min。综上，α 与热风温度成反比，与热风相对湿度和花椒装载量成正比，其变化规律与干燥所需时间一致。阶段降湿热风干燥的 α 值在 101.240～118.194 min 之间，50%-30 min 干燥方式下 α 值最小(101.240 min)。因为 50%-30 min 前期干燥速率(图 3-6)最快，去除前期大部分水分所需时间最短，选择合理的干燥策略有利于缩短 α 值。

形状参数 β 与干燥初始阶段的水分迁移机理有关。当 $\beta<1$ 时，干燥过程为由物料内部水分扩散控制的降速干燥过程；当 $\beta=1$ 时，表示干燥速率与当前含水率成正比；当 $\beta>1$ 时，干燥速率表现为先升速后降速的形式，总的干燥速率由物料表面和内部水分迁移共同决定[27,93,100,102]。由表 3-5 可知，大红袍花椒热风干燥方式的 β 值在 1.471～1.701 之间，因此干燥速率表现为干燥前期先升高而后降低的形态(图 3-4)。大红袍花椒热风干燥时，β 值与温度和花椒装载量呈正相关，且变化范围较小，β 值随热风相对湿度变化无明显规律。综上分析，β 值在不同干燥条件下呈现一定规律，但变化范围较小。有研究表明，对于同一物料形状参数 β 与干燥方式有一定关系，不同干燥条件对其影响并无显著区别[102-103]。

以 Weibull 分布函数的尺度参数 α 和形状参数 β 作为因变量，热风温度 T、热风相对湿度 H、花椒装载量 M 为自变量，根据下式进行一次多项式拟合[104-105]。

$$\begin{cases}\alpha = a_0 + a_1\ln T + a_2\ln H + a_3\ln M \\ \beta = b_0 + b_1\ln T - b_2\ln H + b_3\ln M\end{cases} \tag{3-1}$$

式中，a_0、a_1、a_2、a_3 及 b_0、b_1、b_2、b_3 都为需待定的多项式系数。通过 Origin 2021 软件多元线性回归求解得：

$$\begin{cases}\alpha = 663.85918 - 224.08946\ln T + 39.89168\ln H + 55.71044\ln M \\ \beta = 1.01897 + 0.11387\ln T - 0.04416\ln H + 0.04326\ln M\end{cases} \tag{3-2}$$

因此，根据 Weibull 分布函数表达式[式(2-12)]可得大红袍花椒热风干燥 Weibull 分布函数模型：

$$R_M = \exp\left[-\left(\frac{t}{663.85918 - 224.08946\ln T + 39.89168\ln H + 55.71044\ln M}\right)^{1.01897+0.11387\ln T-0.04416\ln H+0.04326\ln M}\right] \tag{3-3}$$

3.4.2 热风-红外联合干燥 Weibull 分布函数

通过 Weibull 分布函数对不同条件的大红袍花椒热风-红外联合干燥曲线进行模拟，结果见表 3-6。R^2 在 0.996 12～0.997 96 之间，RSS 在 0.006 85～0.010 46 之间，χ^2 在 2.28462×10^{-4}～4.35984×10^{-4}之间，Weibull 分布函数能够很好地模拟大红袍花椒热风-红外联合干燥过程。

表 3-6 热风-红外联合干燥 Weibull 分布函数模拟结果

热风-红外联合干燥条件			尺度参数	形状参数	决定系数	残差平方和	卡方
温度/℃	相对湿度/%	装载量/g	α/min	β	R^2	RSS	χ^2
50	10	150	32.697	1.562	0.997 37	0.009 00	2.81383×10^{-4}
60			28.142	1.603	0.996 54	0.010 35	3.83449×10^{-4}
70			25.967	1.643	0.996 12	0.010 46	4.35984×10^{-4}
60	10		28.142	1.603	0.996 54	0.010 35	3.83449×10^{-4}
	30		31.764	1.641	0.997 04	0.009 83	3.27796×10^{-4}
	50		32.736	1.686	0.997 96	0.006 85	2.28462×10^{-4}
	10	100	21.765	1.532	0.997 09	0.007 16	3.25369×10^{-4}
		150	28.142	1.603	0.996 54	0.010 35	3.83449×10^{-4}
		200	35.909	1.584	0.997 25	0.009 89	2.90949×10^{-4}

由表 3-6 可知，尺度参数 α 随着干燥介质的温度、相对湿度以及花椒装载量的变化而改变。温度从 50 ℃升至 70 ℃，α 从 32.697 min 下降到 25.967 min；相对湿度从 10%上升至 50%，α 从 28.142 min 上升至 32.736 min；装载量从 100 g 增加至 200 g，α 从 21.765 min 上升至 35.909 min。综上，因为热风-红外联合干燥的干燥速率较热风干燥的更快，所以 α 值也更小，其随不同干燥条件的变化规律与所需干燥时间一致，花椒装载量对 α 值影响更大。形状参数 β 值在 1.532～1.686 之间，较为稳定，干燥速率表现为先升后降的形态(图 3-9)。β 值与热风温度和相对湿度呈正相关，与花椒装载量的关系无明显规律。

以 Weibull 分布函数的尺度参数 α 和形状参数 β 作为因变量，热风温度 T、热风湿度 H、花椒装载量 M 为自变量，根据式(3-1)进行一次多项式拟合。

通过 Origin 2021 软件多元线性回归求解得：

$$\begin{cases}\alpha = 5.85658 - 20.05710\ln T + 2.42476\ln H + 19.88218\ln M \\ \beta = 0.06717 + 0.23384\ln T + 0.05377\ln H + 0.08857\ln M\end{cases} \tag{3-4}$$

因此，根据 Weibull 分布函数表达式[式(2-12)]可得大红袍花椒热风-红外联合干燥的

Weibull 分布函数模型：

$$R_M = \exp\left[-\left(\frac{t}{5.856\,58 - 20.057\,10\ln T + 2.424\,76\ln H + 19.882\,18\ln M}\right)^{0.067\,17 + 0.233\,84\ln T + 0.053\,77\ln H + 0.088\,57\ln M}\right] \tag{3-5}$$

3.4.3 热风-微波联合干燥 Weibull 分布函数

通过 Weibull 分布函数对不同条件的大红袍花椒热风-微波联合干燥曲线进行模拟，结果见表 3-7。可见 R^2 在 0.987 28～0.995 81 之间，RSS 在 0.007 00～0.030 46 之间，χ^2 在 $4.375\,62\times10^{-4}$～$1.300\,00\times10^{-3}$ 之间，Weibull 分布函数能较好地模拟大红袍花椒热风-微波联合干燥过程。

表 3-7 热风-微波联合干燥 Weibull 分布函数模拟结果

热风-微波联合干燥条件			尺度参数	形状参数	决定系数	残差平方和	卡方
温度/℃	相对湿度/%	功率/W	α/min	β	R^2	RSS	χ^2
50	10	462	11.076	1.685	0.993 74	0.011 05	$6.499\,84\times10^{-4}$
60	10	462	9.948	1.637	0.987 90	0.020 82	$1.300\,00\times10^{-3}$
70	10	462	9.000	1.439	0.995 81	0.007 00	$4.375\,62\times10^{-4}$
60	10	462	9.948	1.637	0.987 90	0.020 82	$1.300\,00\times10^{-3}$
60	30	462	10.153	1.686	0.994 46	0.011 53	$6.406\,66\times10^{-4}$
60	50	462	11.362	1.571	0.991 58	0.018 12	$9.060\,91\times10^{-4}$
60	10	280	14.758	1.611	0.987 28	0.030 46	$1.270\,00\times10^{-3}$
60	10	462	9.948	1.637	0.987 90	0.020 82	$1.300\,00\times10^{-3}$
60	10	595	7.695	1.969	0.992 53	0.010 04	$9.123\,84\times10^{-4}$

由表 3-7 可知，尺度参数 α 值随着热风温度以及微波功率的增大而减小，随着热风相对湿度的增大而增大。温度从 50 ℃上升至 70 ℃，α 从 11.076 min 下降到 9.000 min；相对湿度从 10%上升至 50%，α 从 9.948 min 上升至 11.362 min；微波功率从 280 W 增大至 595 W，α 从 14.758 min 下降至 7.695 min。在微波辐射的剧烈作用下，花椒热湿传递得到了促进，干燥时间缩短，热风-微波联合干燥的 α 值远小于热风干燥和热风-红外联合干燥的。形状参数 β 值在 1.439～1.969 之间，说明干燥速率为先升后降的形态（图 3-11）。β 值与热风温度呈负相关，与微波功率呈正相关，与热风相对湿度的关系无明显规律。

以 Weibull 分布函数的尺度参数 α 和形状参数 β 作为因变量，热风温度 T、热风湿度 H、微波功率 P 为自变量，根据式(3-1)进行一次多项式拟合[105-106]。

通过 Origin 2021 软件多元线性回归求解得：

$$\begin{cases}\alpha = 91.733\,08 - 6.168\,43\ln T + 0.653\,23\ln H - 9.457\,29\ln P \\ \beta = 2.447\,33 - 0.671\,21\ln T - 0.037\,89\ln H + 0.335\,61\ln P\end{cases} \tag{3-6}$$

因此，根据 Weibull 分布函数表达式[式(2-12)]可得大红袍花椒热风-微波联合干燥的 Weibull 分布函数模型：

$$R_M = \exp\left[-\left(\frac{t}{91.733\,08 - 6.168\,43\ln T + 0.653\,23\ln H - 9.457\,29\ln P}\right)^{2.447\,33 - 0.671\,21\ln T - 0.037\,89\ln H + 0.335\,61\ln P}\right] \tag{3-7}$$

3.5 水分扩散系数

干燥过程中水分在多孔介质内部的迁移涉及液态扩散、毛细作用、蒸发冷凝等现象，是一个十分复杂的过程。基于 Fick 第二定律推导出的有效水分扩散系数主要用于描述干燥全过程为降速阶段的物料水分迁移规律，而基于 Weibull 分布函数所得出的估算水分扩散系数不受干燥过程的限制，从而弥补了有效水分扩散系数仅适用于降速干燥过程的不足[100]。

3.5.1 热风干燥水分扩散系数

热风干燥大红袍花椒时，不同干燥条件下有效水分扩散系数 D_{eff}、估算水分扩散系数 D_{cal} 以及几何参数 R_g 如表 3-8 所列。

表 3-8 热风干燥水分扩散系数结果

热风干燥条件			线性方程 $\ln R_M = kt + b$		决定系数 R^2	有效水分扩散系数 D_{eff} /($\times 10^{-8}$ m²·min⁻¹)	估算水分扩散系数 D_{cal} /($\times 10^{-7}$ m²·min⁻¹)	几何参数 R_g
温度/℃	相对湿度	装载量/g	斜率 k	截距 b				
50	10%	150	−0.008 14	0.182 37	0.959 12	2.061 89	1.531 11	7.43
60			−0.010 32	0.163 87	0.956 43	2.614 09	2.199 12	8.41
70			−0.011 97	0.118 14	0.968 45	3.032 04	2.815 13	9.28
60	10%		−0.010 32	0.163 87	0.956 43	2.614 09	2.199 12	8.41
	30%		−0.008 83	0.225 07	0.944 20	2.236 67	1.711 57	7.65
	50%		−0.007 51	0.304 35	0.964 46	1.902 31	1.302 89	6.85
	30%-20 min		−0.010 25	0.182 22	0.959 24	2.596 36	2.115 16	8.15
	50%-20 min		−0.010 60	0.153 44	0.964 12	2.685 01	2.301 17	8.57
	50%-30 min		−0.012 97	0.239 99	0.957 51	3.285 34	2.469 39	7.52
	10%	100	−0.011 72	0.145 11	0.954 36	2.968 71	2.583 97	8.70
		150	−0.010 32	0.163 87	0.956 43	2.614 09	2.199 12	8.41
		200	−0.009 16	0.203 32	0.944 82	2.320 26	1.835 85	7.91

热风温度和相对湿度以及花椒装载量对热风干燥过程的有效水分扩散系数和估算水分扩散系数影响非常显著。恒定条件下，不同热风温度、热风相对湿度、花椒装载量的 D_{eff} 变化范围分别为 $2.061\ 89\times10^{-8}\sim3.032\ 04\times10^{-8}$、$1.902\ 31\times10^{-8}\sim2.614\ 09\times10^{-8}$、$2.320\ 26\times10^{-8}\sim2.968\ 71\times10^{-8}$ m²/min，D_{cal} 变化范围分别为 $1.531\ 11\times10^{-7}\sim2.815\ 13\times10^{-7}$、$1.302\ 89\times10^{-7}\sim2.199\ 12\times10^{-7}$、$1.835\ 85\times10^{-7}\sim2.583\ 97\times10^{-7}$ m²/min。随着热风温度升高或相对湿度降低以及花椒装载量的减少，物料水分迁移驱动力增强，D_{eff} 增大。D_{cal} 的变化规律与 D_{eff} 变化一致且都与尺度参数 α 成反比。热风阶段降湿干燥时，D_{eff} 和 D_{cal} 的变化范围分别为 $2.596\ 36\times10^{-8}\sim3.285\ 34\times10^{-8}$、$2.115\ 16\times$

10^{-7}～2.469 39×10^{-7} m^2/min，其变化规律与尺度参数 α 成反比，在 50%-30 min 热风干燥条件下取得最大值，说明该条件下水分扩散较为剧烈。

几何参数 R_g 常被认为是与物料几何尺寸相关的参数，水分扩散对其影响不大[97,100]。由表 3-8 可知，不同热风条件下，R_g 的变化范围较小，为 6.85～9.28，热风干燥时间越短，R_g 越大。在恒定热风干燥条件下，其变化规律与 D_{eff} 和 D_{cal} 一致。然而，阶段降湿干燥时，50%-20 min 条件下 R_g 值最大(8.57)，在 50%-30 min 条件下，R_g 并没有像 α、D_{eff} 和 D_{cal} 一样因干燥前期速率过高取得最值。大红袍花椒热风干燥过程中，R_g 不仅与物料装载量变化导致的几何尺寸变化相关，与热风温湿度的变化也存在联系。

3.5.2 热风-红外联合干燥水分扩散系数

热风-红外联合干燥大红袍花椒时，不同干燥条件下有效水分扩散系数 D_{eff}、估算水分扩散系数 D_{cal} 以及几何参数 R_g 如表 3-9 所列。

表 3-9 热风-红外联合干燥水分扩散系数结果

热风-红外联合干燥条件			线性方程 $\ln R_M = kt + b$		决定系数 R^2	有效水分扩散系数 D_{eff} /(×10^{-7} $m^2 \cdot min^{-1}$)	估算水分扩散系数 D_{cal} /(×10^{-7} $m^2 \cdot min^{-1}$)	几何参数 R_g
温度/℃	相对湿度/%	装载量/g	斜率 k	截距 b				
50	10	150	−0.044 12	0.308 51	0.952 26	1.117 57	7.645 92	6.84
60			−0.050 46	0.296 44	0.949 74	1.278 17	8.883 54	6.95
70			−0.056 26	0.319 18	0.938 85	1.425 08	9.627 76	6.76
60	10		−0.050 46	0.296 44	0.949 74	1.278 17	8.883 54	6.95
	30		−0.048 05	0.359 98	0.936 69	1.217 12	7.870 60	6.47
	50		−0.046 00	0.350 97	0.943 27	1.165 19	7.636 90	6.55
	10	100	−0.064 10	0.273 30	0.955 78	1.623 67	11.486 30	7.07
		150	−0.050 46	0.296 44	0.949 74	1.278 17	8.883 54	6.95
		200	−0.039 77	0.302 95	0.952 09	1.007 39	6.962 11	6.91

不同热风温度、热风相对湿度、花椒装载量干燥情况下的 D_{eff} 变化范围分别为 1.117 57×10^{-7}～1.425 08×10^{-7}、1.165 19×10^{-7}～1.278 17×10^{-7}、1.007 39×10^{-7}～1.623 67×10^{-7} m^2/min，D_{cal} 变化范围分别为 7.645 92×10^{-7}～9.627 76×10^{-7}、7.636 90×10^{-7}～8.883 54×10^{-7}、6.962 11×10^{-7}～11.486 30×10^{-7} m^2/min。D_{eff} 与 D_{cal} 随着热风温度升高或相对湿度降低以及花椒装载量的减少而增大，其变化规律与尺度参数 α 成反比。在不同热风-红外联合干燥条件下，几何参数 R_g 的变化范围极其稳定，为 6.47～7.07，R_g 随着花椒装载量的减少而增大。

3.5.3 热风-微波联合干燥水分扩散系数

热风-微波联合干燥大红袍花椒时，不同干燥条件下的有效水分扩散系数 D_{eff}、估算水分扩散系数 D_{cal} 以及几何参数 R_g 如表 3-10 所列。不同热风温度、热风相对湿度、微波功率干燥情况下的 D_{eff} 变化范围分别为 2.951 99×10^{-7}～3.564 73×10^{-7}、2.743 02×10^{-7}～3.063 45×10^{-7}、2.061 13×10^{-7}～4.482 45×10^{-7} m^2/min，D_{cal} 变化范围分别为 2.257 10×

10^{-6}～2.777 81×10^{-6}、2.200 30×10^{-6}～2.513 16×10^{-6}、1.693 96×10^{-6}～3.248 91×10^{-6} m^2/min。D_{eff}与 D_{cal}随着热风温度升高或相对湿度降低以及微波功率的增大而增大，其变化规律与尺度参数 α 成反比。在不同热风-微波联合干燥条件下，几何参数 R_g的变化范围较为稳定，为 7.25～8.70，R_g随着微波功率的减小而增大。

表 3-10 热风-微波联合干燥水分扩散系数结果

热风-微波联合干燥条件			线性方程 $\ln R_M = kt + b$		决定系数 R^2	有效水分扩散系数 D_{eff} /($\times 10^{-7}$ $m^2 \cdot min^{-1}$)	估算水分扩散系数 D_{cal} /($\times 10^{-6}$ $m^2 \cdot min^{-1}$)	几何参数 R_g
温度/℃	相对湿度/%	功率/W	斜率 k	截距 b				
50	10	462	−0.116 54	0.230 16	0.942 41	2.951 99	2.257 10	7.65
60			−0.120 94	0.182 65	0.943 15	3.063 45	2.513 16	8.20
70			−0.140 73	0.196 45	0.967 23	3.564 73	2.777 81	7.79
60	10		−0.120 94	0.182 65	0.943 15	3.063 45	2.513 16	8.20
	30		−0.111 74	0.157 15	0.950 60	2.830 41	2.462 26	8.70
	50		−0.108 29	0.192 44	0.957 54	2.743 02	2.200 30	8.02
	10	280	−0.081 37	0.186 00	0.947 75	2.061 13	1.693 96	8.22
		462	−0.120 94	0.182 65	0.943 15	3.063 45	2.513 16	8.20
		595	−0.176 96	0.330 75	0.927 86	4.482 45	3.248 91	7.25

3.6 BP 神经网络模型

通过 MATLAB 2020 软件，导入大红袍花椒热风干燥、热风-红外联合干燥、热风-微波联合干燥的试验数据，构建满足三种干燥方式的 BP 神经网络模型。

3.6.1 选择训练函数

从试验数据中随机选取 70%(375 组)的样本作为训练集，15%(81 组)的样本作为验证集，15%(81 组)的样本作为测试集。隐藏层的传递函数为双曲正切 S 形函数，输出层的传递函数为线性函数。Levenberg-Marquardt(利文贝格-马夸特)算法为该 BP 神经网络的训练函数[104]。

3.6.2 输入层、输出层节点数

选择干燥时间、热风温度、热风相对湿度、花椒装载量、红外功率、微波功率作为输入层的节点，以对应时刻的水分比作为输出层节点，即输入层节点数为 6，输出层节点数为 1。

3.6.3 隐藏层节点及训练结果

单隐藏层即可满足本模型的训练精度需求，隐藏层的节点数范围根据以下经验公式确定[105-106]：

$$m = \sqrt{a+b} + n \tag{3-8}$$

式中 m——隐含层节点数；

a——输入层节点数，取 6；

b——输出层节点数，取 1；

n——调节常数，范围为 1～10。

根据上式选取隐藏层节点数 4～12 进行了 BP 神经网络训练，结果见表 3-11，从表可知，当隐藏层节点数为 12 时，该 BP 神经网络模型相关系数 R 最接近 1，均方误差 MSE 最接近 0，分别为 0.999 39 和 0.000 163 94，所以选择隐藏层节点数为 12 建立 BP 神经网络模型。

表 3-11　不同隐藏层节点数训练结果

节点数	均方误差 MSE	相关系数 R	节点数	均方误差 MSE	相关系数 R
4	0.001 239 10	0.995 52	9	0.000 165 20	0.999 26
5	0.001 504 80	0.988 93	10	0.000 421 37	0.997 43
6	0.000 527 39	0.998 02	11	0.000 262 67	0.998 86
7	0.000 977 83	0.995 37	12	0.000 163 94	0.999 39
8	0.000 251 80	0.999 22			

图 3-12 为隐藏层节点数为 12 时的 BP 神经网络训练过程曲线，当迭代次数为 127 时验证集满足所设置精度，训练停止。图 3-13 为 BP 神经网络模型训练回归图，训练集[图 3-13(a)]、验证集[图 3-13(b)]、测试集[图 3-13(c)]和全集[图 3-13(d)]都表现出较好的拟合关系，相关系数 R 分别为 0.999 59、0.999 22、0.998 78 和 0.999 39，说明 BP 神经网络模型非常适用于预测大红袍花椒在三种干燥过程中的水分比变化。

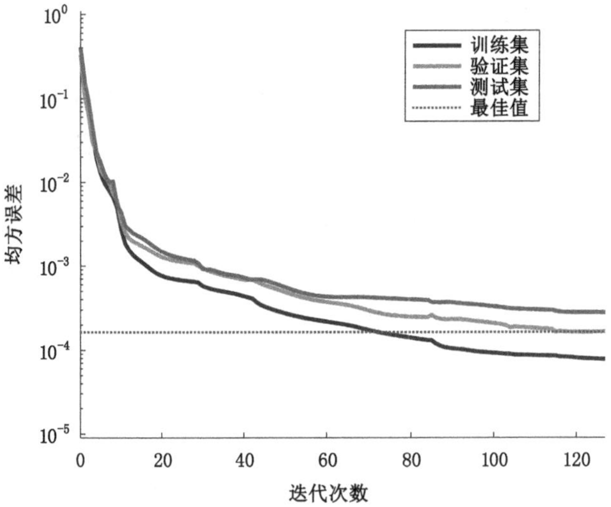

图 3-12　BP 神经网络训练过程曲线

3.6.4　权值和阈值

BP 神经网络通过获得最佳的权值和阈值，提高算法收敛的速度与精确度，并以此权值和阈值为基础对后续相关数据进行预测。本模型中，输入层到隐藏层权值矩阵为：

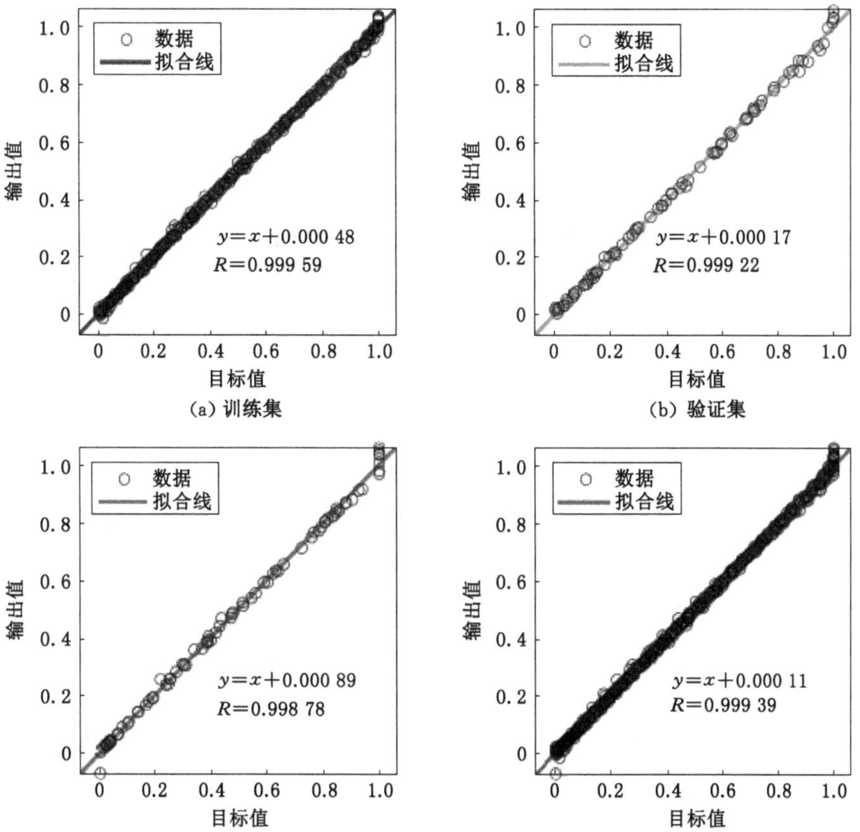

(a) 训练集　(b) 验证集　(c) 测试集　(d) 全集

图 3-13　BP 神经网络模型训练回归图

$$
\boldsymbol{W}_{\mathrm{I}}(1,1)=\begin{bmatrix}
0.027\,3 & 1.888\,0 & -0.335\,9 & -1.084\,4 & 0.656\,8 & -2.472\,9 \\
-0.189\,2 & 0.584\,8 & 0.793\,8 & -0.705\,3 & -0.644\,6 & -1.220\,3 \\
-0.200\,3 & 0.092\,8 & -0.307\,7 & 3.756\,9 & 2.657\,6 & -1.209\,7 \\
0.015\,7 & -0.069\,7 & 0.109\,1 & 2.500\,3 & -0.828\,1 & -3.474\,8 \\
0.031\,5 & -0.095\,2 & 0.085\,5 & 1.777\,0 & -0.433\,5 & -1.023\,5 \\
0.064\,6 & -0.070\,1 & 0.700\,8 & 5.014\,4 & -0.268\,2 & -1.809\,7 \\
-0.380\,8 & 0.805\,2 & -0.381\,4 & 1.053\,0 & -0.741\,1 & 0.851\,3 \\
-0.146\,9 & -0.161\,6 & -0.039\,2 & 3.430\,4 & 2.260\,2 & -0.082\,7 \\
-0.024\,4 & -0.301\,3 & 0.017\,7 & 3.377\,1 & -1.831\,7 & -3.585\,5 \\
0.590\,8 & -1.533\,3 & 0.873\,1 & -1.075\,9 & 0.552\,5 & 0.329\,9 \\
0.685\,9 & 0.483\,7 & -0.443\,9 & -2.650\,3 & -1.715\,4 & -0.147\,3 \\
-0.002\,4 & -0.133\,9 & 1.810\,7 & -0.577\,6 & 0.751\,8 & -1.720\,0
\end{bmatrix}
$$

输入层到隐藏层阈值向量为：

$$
\boldsymbol{b}_1=[1.364\,1 \quad 2.397\,5 \quad -0.901\,6 \quad -1.328\,7 \quad 0.912\,1 \quad 6.066\,4 \quad -0.200\,6 \quad -0.025\,5 \quad 3.386\,1 \quad 1.656\,5 \quad 1.529\,5 \quad 1.697\,9]
$$

隐藏层到输出层权值矩阵为：

$$\boldsymbol{W}_{\mathrm{L}}(2,1)=[1.5671\ \ 1.0817\ \ -3.0839\ \ 3.6240\ \ -6.3767\ \ -7.9704\ \ -1.7998\ \ 3.6940\ \ 4.7724\ \ -0.7468\ \ 1.6728]$$

隐藏层到输出层阈值向量为：

$$\boldsymbol{b}_2=[0.2952]$$

3.7 两种干燥模型预测验证

为了对比验证 Weibull 分布函数模型与 BP 神经网络模型在大红袍花椒三种干燥方式下的水分比预测性能，分别选择热风干燥、热风-红外联合干燥、热风-微波联合干燥建立的 Weibull 分布函数模型以及综合三种干燥方式建立的 BP 神经网络模型的预测数据与试验数据进行对比分析，如图 3-14 所示。

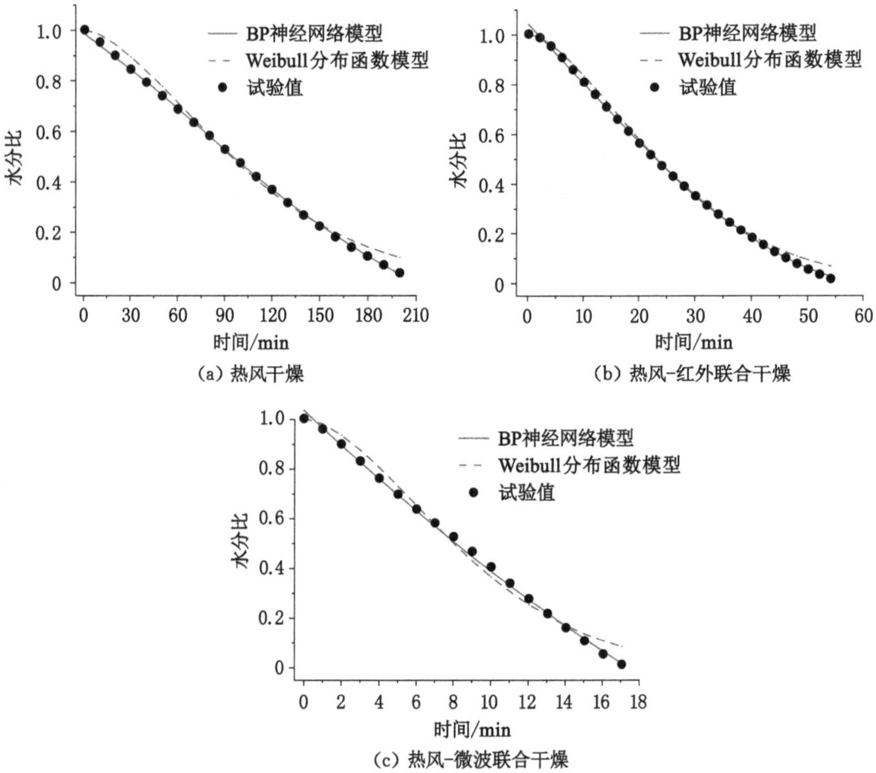

(a) 热风干燥

(b) 热风-红外联合干燥

(c) 热风-微波联合干燥

图 3-14　不同干燥方式下模型预测对比图

热风干燥条件为：温度 60 ℃、相对湿度 10%、花椒装载量 150 g；热风-红外联合干燥条件为：温度 60 ℃、相对湿度 10%、花椒装载量 150 g；热风-微波联合干燥条件为：微波功率 462 W、温度 60 ℃、相对湿度 10%、花椒装载量 150 g。以平均相对误差 E_{mape} 作为对比模型性能的评价指标，计算式如下[84,105]：

$$E_{\mathrm{mape}}=\frac{1}{n}\sum_{i=1}^{n}\frac{|R_{\mathrm{M,exp},i}-R_{\mathrm{M,pre},i}|}{R_{\mathrm{M,exp},i}}\times 100\% \tag{3-9}$$

式中 $R_{M,pre,i}$——样本预测值；

$R_{M,exp,i}$——试验值。

经计算，在热风干燥方式下，Weibull 分布函数模型、BP 神经网络模型预测值分别与试验值的平均相对误差为 17.25%、1.83%；热风-红外联合干燥方式下，平均相对误差分别为 11.77%、1.82%；热风-微波联合干燥方式下，平均相对误差分别为 18.44%、4.41%。BP 神经网络模型预测三种干燥方式下的平均相对误差均小于 5%，达到了高精度标准[84]。相较而言，所构建的 Weibull 分布函数模型的预测性能一般，BP 神经网络模型比传统的函数模型在预测精度、可操作性上优势更明显。

4 花椒干燥能耗对比

第 3 章对大红袍花椒在三种干燥方式下的水分比和干燥速率特征进行了研究，发现在辐射以及高温热风作用下可显著缩短干燥时间，但在追求快速干燥的同时，也应充分考虑干燥能耗。本章针对能量效率和比能耗两个参数，对热风、热风-红外联合、热风-微波联合干燥试验所消耗的能量进行对比。

4.1 能量效率与比能耗

干燥过程中实际消耗的能量多少不仅取决于干燥方式，也很大程度受干燥系统、干燥设备、操作方法等因素影响。如果仅以干燥过程消耗的总能量为指标来对比试验中三种干燥方式的能耗，难以体现不同干燥方式所带来的差距，并且得到的具体数值也没有实用价值。相较而言，能量效率和比能耗两个参数更适合用于能耗的对比，可以避免因物料装载量不同带来的影响。

能量效率(energy efficiency)，简称能效。在干燥领域通常表示为物料水分蒸发所需要的能量占干燥系统总耗能的比重，计算式如下[105-106]：

$$\eta = \frac{Q_w}{Q} \times 100\% \tag{4-1}$$

式中 η——能效，%；

Q_w——物料水分蒸发消耗的能量，kJ；

Q——干燥系统消耗的总能量，kJ。

比能耗(specific energy consumption)为去除物料中每千克水分所消耗的干燥系统总能量[106-107]：

$$E_s = \frac{Q}{m_w} \tag{4-2}$$

式中 E_s——比能耗，kJ/kg；

m_w——去除水分的质量，kg。

干燥系统各设备消耗电能工作使干燥室达到所需干燥条件，所用到的能量均以电能形式提供。

4.1.1 干燥系统消耗能量

试验搭建的干燥系统主要耗能设备有产生风量的轴流风机、加热空气的电加热器、产生红外辐射的远红外石英加热管、产生微波辐射的微波装置。忽略相关检测和控制仪器所消耗的能量。由于闭式干燥系统以及实际生产实践使用的干燥设备都可以通过控制排湿来调节干燥室内湿度，而不需要额外加湿，因此不计算本试验中加湿器所消耗的能量。

试验中，通过改变风机调速器的电压来控制风速，轴流风机额定功率为 120 W。风速恒为 1.5 m/s 时，实际电压为 131 V。根据电功率与电压的关系[式(4-3)]可计算出风机工作的实际功率：

$$\frac{P_1}{P_2}=\frac{U_1^2}{U_2^2} \tag{4-3}$$

式中　P_1，P_2——实际功率和额定功率，W；

U_1，U_2——实际电压和额定电压，V。

轴流风机消耗的能量可由式(4-4)计算：

$$Q_{mec}=P_1\cdot t \tag{4-4}$$

式中　Q_{mec}——轴流风机能耗，kJ；

t——时间，s。

电加热器加热空气所消耗的能量可通过式(4-5)计算[62,106,108]：

$$Q_h=A\cdot v\cdot c_a\cdot \rho_a\cdot \Delta T\cdot t \tag{4-5}$$

式中　Q_h——加热器能耗，kJ；

A——入风口截面积，m^2；

v——干燥风速，m/s；

ΔT——介质温差，K；

ρ_a，c_a——空气密度与比热容，kg/m^3，kJ/(kg·K)。

其中 ρ_a、c_a 可根据空气的绝对温度 T_{abs} 得出，见下式[106-108]：

$$\rho_a=\frac{101.325}{0.287\,T_{abs}} \tag{4-6}$$

$$c_a=1.048\,41-\frac{3.837\,19\,T_{abs}}{10^4}+\frac{9.453\,78\,T_{abs}^2}{10^7}-\frac{5.490\,31\,T_{abs}^3}{10^{10}}+\frac{7.929\,81\,T_{abs}^4}{10^{14}} \tag{4-7}$$

远红外石英加热管和微波装置所消耗的能量可根据其功率和干燥时间计算。

4.1.2　物料水分蒸发所需能量

物料干燥时，蒸发脱去水分所消耗的能量 Q_w 可根据式(4-8)计算[106-107]：

$$Q_w=h_{fg}\cdot m_w \tag{4-8}$$

式中　h_{fg}——水分蒸发汽化潜热，J/kg。

在热风干燥和热风-红外联合干燥中，h_{fg} 可根据下式计算[108]：

$$\begin{cases} h_{fg}=2.503\times 10^6-2.386\times 10^3(T_{abs}-273.16) & 273.16\leqslant T_{abs}\leqslant 338.72 \\ h_{fg}=(7.33\times 10^{12}-1.60\times 10^7\,T_{abs}^2)^{0.5} & 338.72< T_{abs}\leqslant 533.16 \end{cases} \tag{4-9}$$

在热风-微波联合干燥中，h_{fg} 取蒸发温度(100 ℃)时水蒸发潜热 2 257 kJ/kg[64]。

4.2 热风干燥能耗分析

不同热风温度条件下(相对湿度和装载量恒为10%、150 g),热风干燥大红袍花椒比能耗与能效如图4-1所示。当热风温度在50～70 ℃之间,比能耗在87.09～104.03 MJ/kg范围内,随着温度升高而降低;能效在2.29%～2.68%范围内,随着温度升高而升高。温度为70 ℃时,比能耗最低,且能效最高,更利于节约能源。这是因为温度升高使干燥速率提高,缩短了干燥时间,从而干燥过程所消耗总能量减少。这也说明了热风干燥过程缩短干燥时间导致干燥总能耗的减少量要大于热风温度的升高所增加的热量。因此,为了使能量利用更大化,大红袍花椒热风干燥时可适度提高热风温度。

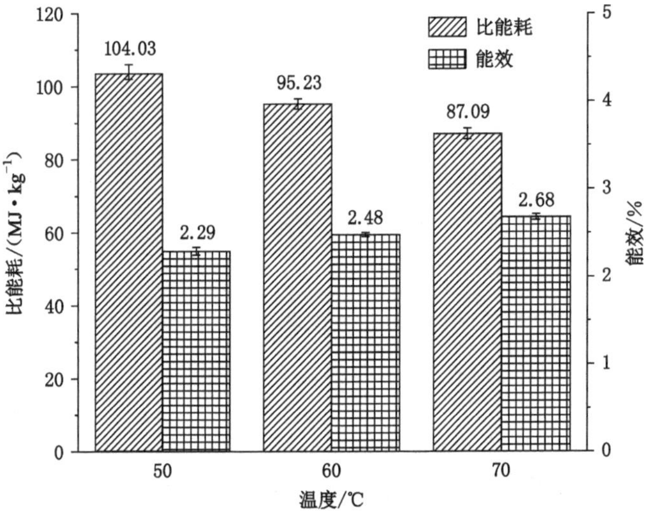

图4-1 不同热风温度条件热风干燥的比能耗与能效

不同热风相对湿度条件下(温度和装载量恒为60 ℃、150 g),热风干燥大红袍花椒的比能耗与能效如图4-2所示。由图4-2(a)可知,在热风相对湿度分别为10%、30%、50%时,对应比能耗为95.23、119.04、191.81 MJ/kg,对应能效为2.48%、1.98%、1.23%。热风相对湿度的改变对干燥能耗影响显著,比能耗随着相对湿度的增大而升高,能效随着相对湿度的增大而降低。三种阶段降湿干燥中[图4-2(b)],50%-20 min条件对应的比能耗最低(92.53 MJ/kg),能效也最高(2.55%),比持续使用10%相对湿度热风干燥效果更佳。同样说明了不同相对湿度条件热风干燥所消耗的能量主要与干燥时间有关,干燥耗时长短决定能耗大小。

在温度及相对湿度恒定(60 ℃、10%)条件下,热风干燥不同装载量大红袍花椒的比能耗与能效如图4-3所示。当装载量分别为100、150、200 g时,比能耗分别为112.99、95.23、81.23 MJ/kg,对应能效分别为2.09%、2.48%、2.91%。不同于温度及相对湿度条件比能耗与能效的变化规律主要受干燥时间影响,比能耗随着装载量的增加而降低,能效随着装载量增加而升高。虽然装载量的增加导致干燥时间延长,消耗总能量更多,但在能耗增加的同

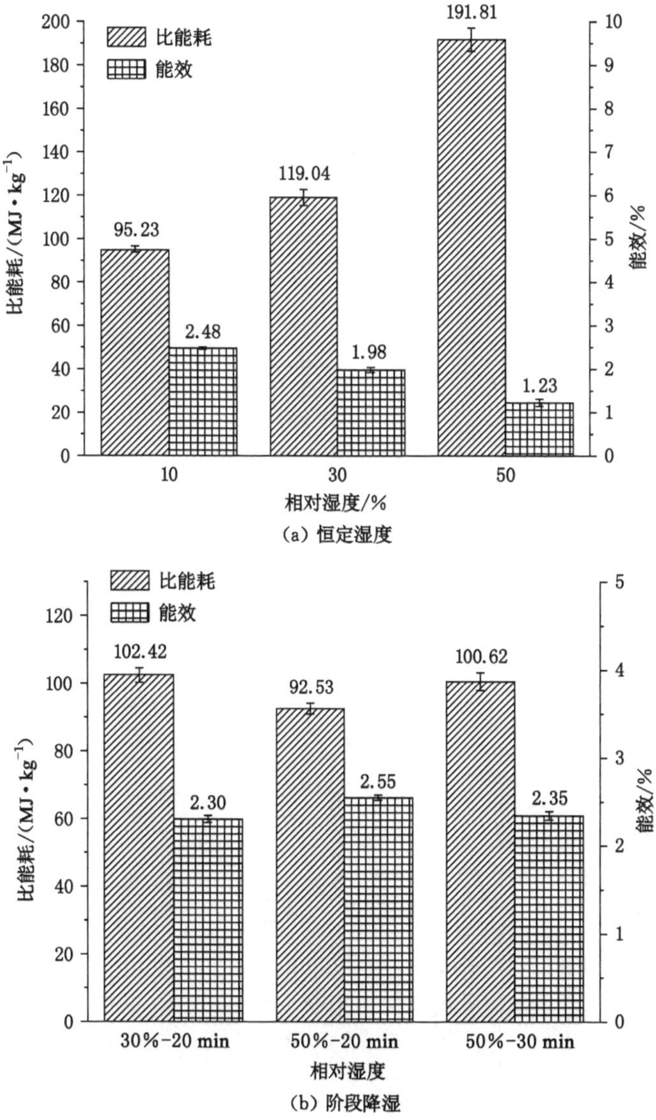

图 4-2 不同热风相对湿度条件热风干燥的比能耗与能效

时去除更多的水分，所以比能耗反而更低、能效更高。因此，在保证大红袍花椒干燥均匀的情况下，为降低干燥能耗可适度增加花椒装载量(厚度)。

4.3 热风-红外联合干燥能耗分析

不同热风温度条件下(相对湿度和装载量分别恒为 10%、150 g)，热风-红外联合干燥大红袍花椒的比能耗与能效如图 4-4 所示。不同热风相对湿度条件下(温度和装载量分别恒为 60 ℃、150 g)，热风-红外联合干燥大红袍花椒的比能耗与能效如图 4-5 所示。

由图 4-4 可知，当热风温度在 50～70 ℃时，比能耗变化范围为 46.15～47.98 MJ/kg，

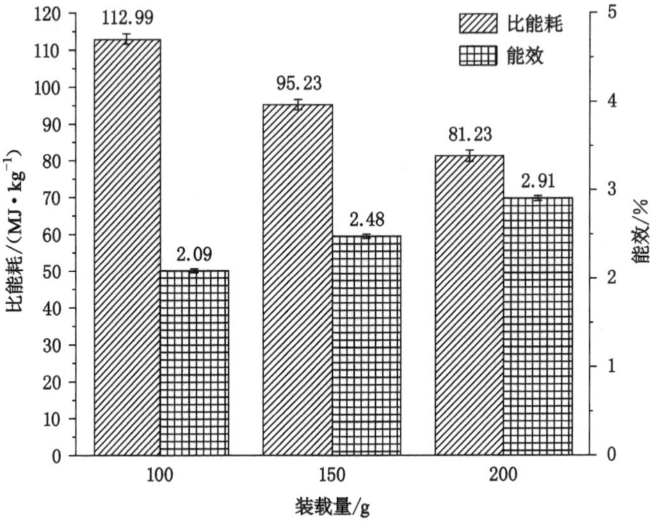

图 4-3　不同装载量条件热风干燥的比能耗与能效

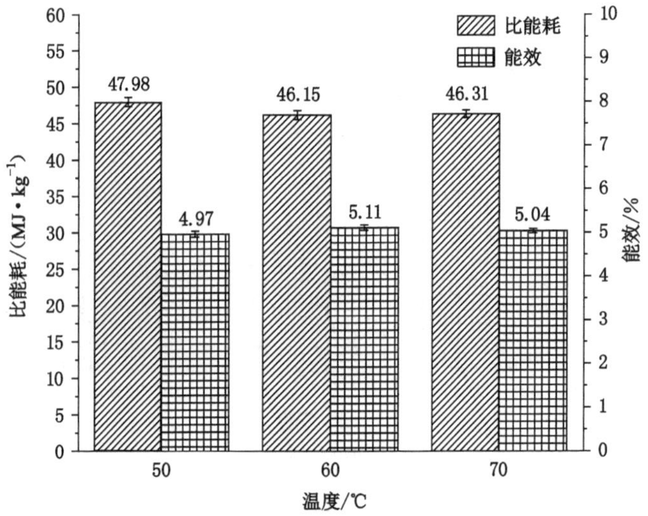

图 4-4　不同热风温度条件热风-红外联合干燥的比能耗与能效

能效变化范围为 4.97%～5.11%，热风温度的改变对比能耗和能效的影响较小。热风温度为 60 ℃时，比能耗最低(46.15 MJ/kg)，且能效最高(5.11%)。不同于热风干燥，在热风-红外联合干燥中持续升高热风温度、缩短干燥时间并没有使能量利用更优。这是因为热风-红外联合干燥较强的红外辐射是促使物料脱水的主要因素，热风温度影响较小。与 60 ℃热风温度相比，70 ℃时因干燥时间缩短所降低的系统能耗值不如温度升高所产生的能耗增加值多。大红袍花椒热风-红外联合干燥的热风温度不宜过高。

由图 4-5 可知，在热风相对湿度分别为 10%、30%、50%时，对应的比能耗分别为 46.15、51.43、52.58 MJ/kg，对应能效分别为 5.11%、4.59%、4.49%。比能耗随着热风相

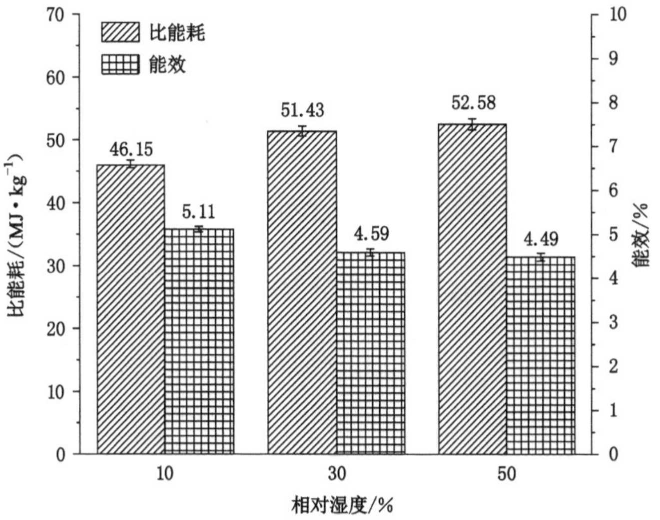

图 4-5　不同热风相对湿度条件热风-红外联合干燥的比能耗与能效

对湿度的增大而升高，能效随着热风相对湿度的增大而降低，其变化规律主要受所需干燥时间影响，且波动范围不大。

在热风温度及相对湿度恒定(60 ℃、10%)条件下，热风-红外联合干燥不同装载量大红袍花椒的比能耗与能效如图 4-6 所示。

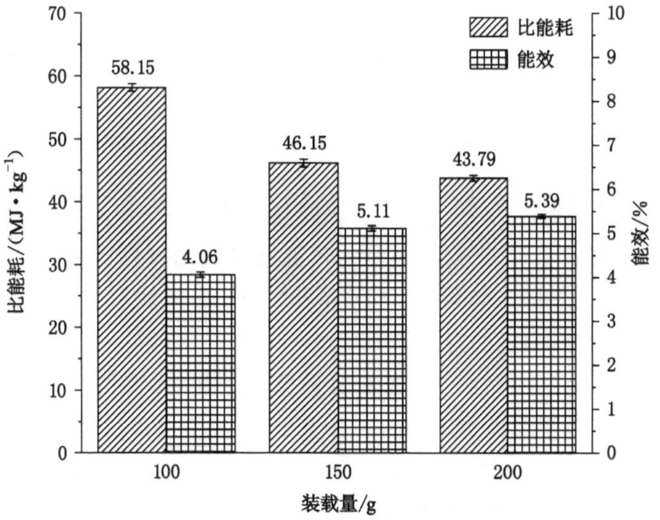

图 4-6　不同装载量条件热风-红外联合干燥的比能耗与能效

由图 4-6 可知，当大红袍花椒的装载量分别为 100、150、200 g 时，比能耗分别为 58.15、46.15、43.79 MJ/kg，对应能效分别为 4.06%、5.11%、5.39%。与热风干燥相似，因花椒装载量的增加可以去除相对更多的水分，所以比能耗随着装载量的增加而降低，能效随着装载量增加而升高。但与 100 g 装载量相比，装载量从 150 g 增加至 200 g 时能耗参数变化幅度较小。这是因为物料厚度增加到一定程度，红外辐射的穿透性有限，所以导致干燥时间的增幅变大（见 3.3.2 小节），干燥总能耗的增幅也随之增大，从而比能耗降幅、能效增幅的变化幅度较小。因此，热风-红外联合干燥时，为使受热均匀，更大程度缩短干燥时间、降低能耗，物料装载量或厚度的确定要保证红外辐射能够到达。

4.4 热风-微波联合干燥能耗分析

不同热风温度条件下（相对湿度和装载量分别恒为 10%、150 g），热风-微波联合干燥大红袍花椒的比能耗与能效如图 4-7 所示。

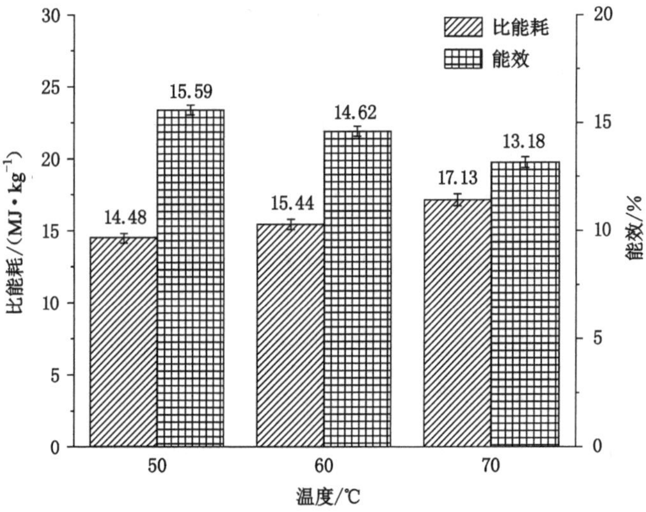

图 4-7 不同热风温度条件热风-微波联合干燥的比能耗与能效

由图 4-7 可知，当热风温度为 50～70 ℃，比能耗在 14.48～17.13 MJ/kg 之间，随温度升高而升高，能效在 13.18%～15.59%的范围内，随温度升高而降低，热风温度对比能耗和能效的影响较小。不同于热风干燥与热风-红外联合干燥，热风-微波联合干燥时升高热风温度不利于能量的利用。虽然热风温度的升高能够缩短一定的干燥时间，降低微波装置的能耗，但是加热空气所消耗的能量却大大增加。在热风-微波联合干燥时，微波辐射能穿透整个物料，传热极其剧烈，热风主要是为了及时带走物料表面水分，为降低能耗，热风温度可尽量低一些。

不同热风相对湿度条件下（温度和装载量分别恒为 60 ℃、150 g），热风-微波联合干燥大红袍花椒的比能耗与能效如图 4-8 所示。

由图 4-8 可知，在热风相对湿度分别为 10%、30%、50%时，对应的比能耗分别为 15.44、16.76、18.53 MJ/kg，对应能效分别为 14.62%、13.46%、12.18%。比能耗随着热风相对湿度的增大而升高，能效随着热风相对湿度的增大而降低，其变化规律与热风干燥、热风-红外联合干燥一致，与干燥时间密切相关。

在热风温度及相对湿度恒定（60 ℃、10%），不同微波功率热风-微波联合干燥大红袍花椒的比能耗与能效如图 4-9 所示。

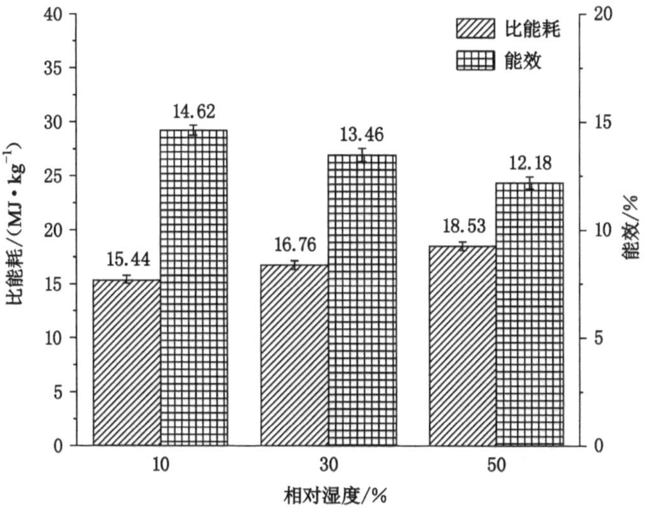

图 4-8 不同热风相对湿度条件热风-微波联合干燥的比能耗与能效

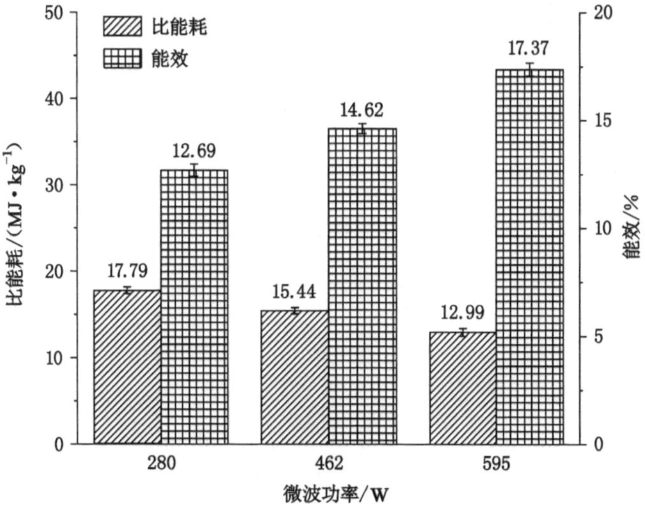

图 4-9 不同微波功率热风-微波联合干燥的比能耗与能效

由图 4-9 可知，当微波功率分别为 280、462、595 W 时，比能耗分别为 17.79、15.44、12.99 MJ/kg，对应能效分别为 12.69%、14.62%、17.37%。比能耗随微波功率的增大而降低，能效随微波功率的增大而升高。加大微波功率能极大提高干燥速率，缩短干燥所需时间，从而使干燥系统消耗的能量减少，提高能量的利用率。

4.5 三种干燥方式能耗对比

选取热风温度及相对湿度分别为 60 ℃、10%，大红袍花椒装载量为 150 g 条件下的试验组，对热风干燥、热风-红外联合干燥、热风-微波联合干燥(462 W)的比能耗和能效进行对比分析，如图 4-10 所示。从图可知，不同干燥方式的能耗参数差距明显，辐射作用能大幅度提高干燥能量的利用。热风-微波联合干燥的比能耗、能效分别为 15.44 MJ/kg、14.62%，其能效是热风干燥的 5.90 倍，热风干燥的比能耗是它的 6.17 倍，热风-红外联合干燥介于两者之间。红外、微波辐射装置虽然增加了干燥系统单位时间的能耗，但由第 3 章可知，采用联合干燥的方式干燥大红袍花椒所需的干燥时间比采用单一热风干燥要短得多，因此总耗能也较低，对流、辐射联合干燥更有利于干燥能量的利用。

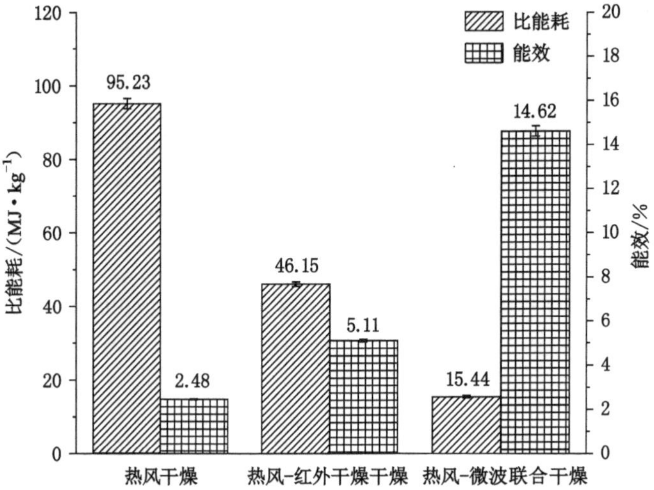

图 4-10　不同干燥方式的比能耗与能效

5 干制大红袍花椒品质对比

在花椒干燥过程中除了要注重干燥速率和能耗，还应尽可能地保留其原有品质。本章对采用不同干燥方式的干制大红袍花椒从感官特征、表皮微观结构、挥发油三方面进行了对比，为后续从品质层面出发指导大红袍花椒干燥生产实践提供参考。

5.1 感官特征

5.1.1 三种干燥方式的花椒外观对比

图 5-1 为经热风干燥、热风-红外联合干燥、热风-微波联合干燥（干燥条件：60 ℃、10%、150 g）后的大红袍花椒，三种方式干燥后的花椒粒大、均匀，外表面红艳油润，内表面黄白，开口率都较高，几乎不存在闭口颗粒。但热风干燥后的花椒外壳颜色鲜艳深红，色泽极佳；热风-红外联合干燥后的花椒色泽不如热风干燥，部分外壳浅红，整体色泽不错；热风-微波联合干燥后的花椒外壳淡红偏褐色，色泽一般。综上可见，干燥过程的剧烈程度影响到了大红袍花椒的外观色泽。

(a) 热风干燥　(b) 热风-红外联合干燥　(c) 热风-微波联合干燥

图 5-1 三种干燥方式得到的干制大红袍花椒

5.1.2 不同湿度热风干燥花椒外观对比

由 3.3.1 小节可知，热风干燥时，高湿度能促进热量传递，使花椒薄层内部温度迅速上升，对干燥过程影响较大，因此对不同相对湿度热风干燥（干燥条件：60 ℃、150 g）的大红袍花椒外观也进行了对比分析，如图 5-2 所示。

花椒出籽率高，闭口少，但不同相对湿度条件下外壳色泽相差明显。在相对湿度恒定 30%[图 5-2(b)]和 50%[图 5-2(c)]条件下，因长时间处于高湿环境中被“蒸煮”，导致花椒外壳颜色发生褐变，而采用相对湿度恒为10%[图5-2(a)]和阶段降湿策略[图5-2(d)～(f)]，花椒表皮色泽较好。因此在大红袍花椒热风干燥过程中合理地排湿能有效保留其外观色泽。

(a) 10%-恒定　(b) 30%-恒定　(c) 50%-恒定

(d) 30%-20 min　(e) 50%-20 min　(f) 50%-30 min

图5-2　不同相对湿度条件热风干燥的大红袍花椒

5.2　表皮微观结构

选取干制后的大红袍花椒果皮，将其喷金处理后，通过扫描电镜(JSM-6460LV，日本电子)在15 kV的加速电压下对花椒外表面组织微观结构进行观察。

图5-3为经热风干燥、热风-红外联合干燥、热风-微波联合干燥(干燥条件：60 ℃、10%、150 g)后的大红袍花椒表皮在40倍下的微观结构图。

大红袍花椒表皮呈皱褶状，表皮上有许多类似半球状油苞向上凸起，油苞底部直径约为0.5 mm。在热风干燥下，花椒表皮纹层分明，油苞较完整，但凸起不够明显；热风-红外联合干燥后的花椒表皮油苞较为饱满且轮廓清晰，呈山丘状；热风-微波联合干燥后的花椒表皮油苞非常明显，凸出体积较大，但中心处向内有些许凹陷，仅个别出现了破损，油苞间沟壑有些许碎屑，这可能是由于热风-微波联合干燥时间较短，油苞内的油状物保留较多；同时在微波辐射的剧烈作用下致使油苞膨胀，干燥结束后收缩便形成凹陷。

在200倍的扫描电镜下可以观察到花椒表皮的气孔器，如图5-4所示。气孔是植物与外界水气交换的主要通道[109]，三种方式干燥后的花椒表皮气孔器开放程度都较大。热风干燥后的花椒表皮层皱褶较多，这可能对花椒内的水分排出有一定影响。热风-红外联合干燥后的花椒表皮气孔器的密集程度相较另两种干燥方式略小，表层更为平滑。热风-红外联合干燥和热风-微波联合干燥后的花椒表皮出现了低程度的断层、塌陷现象，说明对流、辐射联合干燥对其表层结构有一定破坏性。

由3.3.1小节可知，采用50%-30 min的阶段降湿热风干燥时，干燥前期失水速率极快，且出现了二次升速，但到了后期干燥速率却骤然下降，导致整个干燥过程的时间并没有达到理想效果，不如50%-20 min热风干燥。现对两种方式干燥后的花椒表皮微观结构进

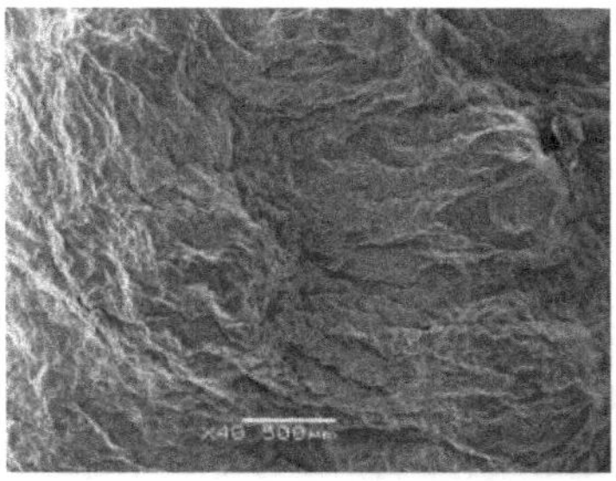

(a) 热风干燥

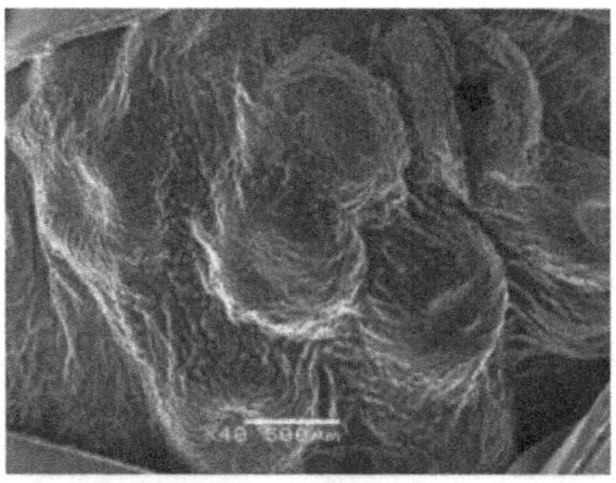

(b) 热风-红外联合干燥

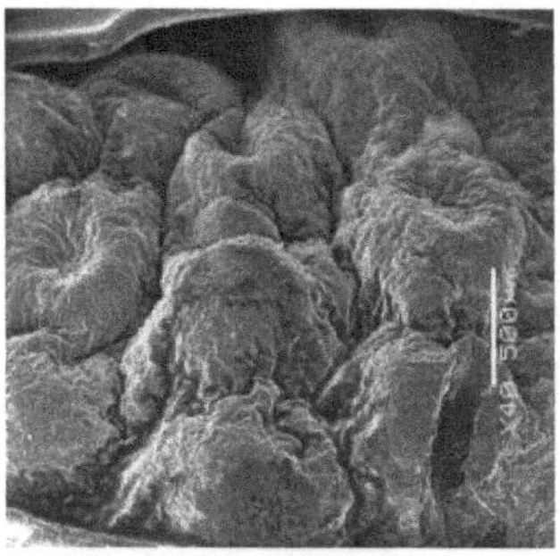

(c) 热风-微波联合干燥

图 5-3　不同干燥方式花椒表皮微观结构(40 倍)

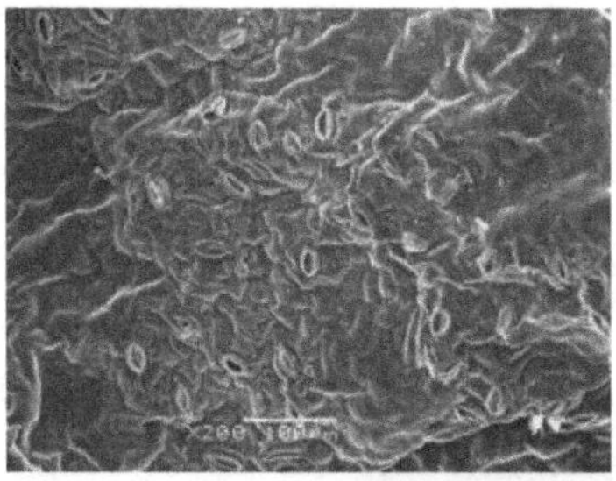

(a) 热风干燥

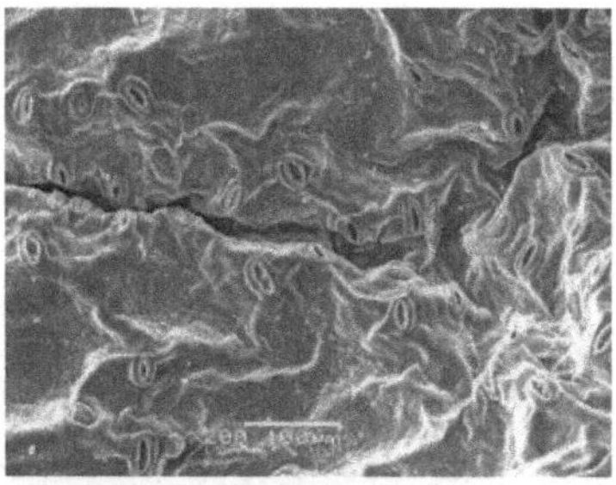

(b) 热风-红外联合干燥

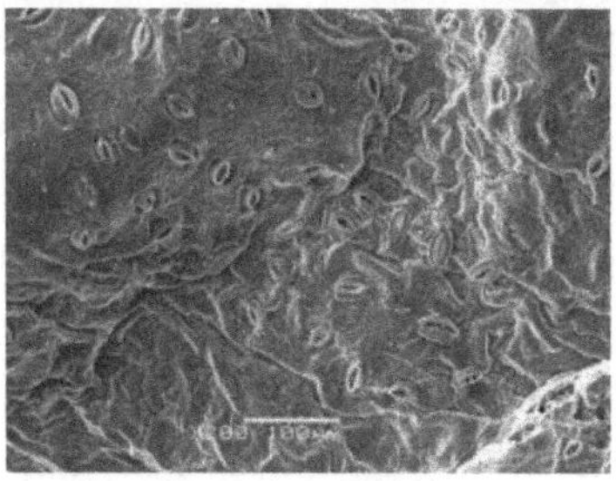

(c) 热风-微波联合干燥

图 5-4　不同干燥方式花椒表皮微观结构(200 倍)

行对比,如图 5-5 所示。

通过观察,40 倍镜下发现 50%-30 min 热风干燥的花椒油苞结构存在损坏情况,1 000 倍镜下可以清晰看到花椒表皮气孔器以及较厚的角质层,50%-30 min 热风干燥花椒表皮结壳

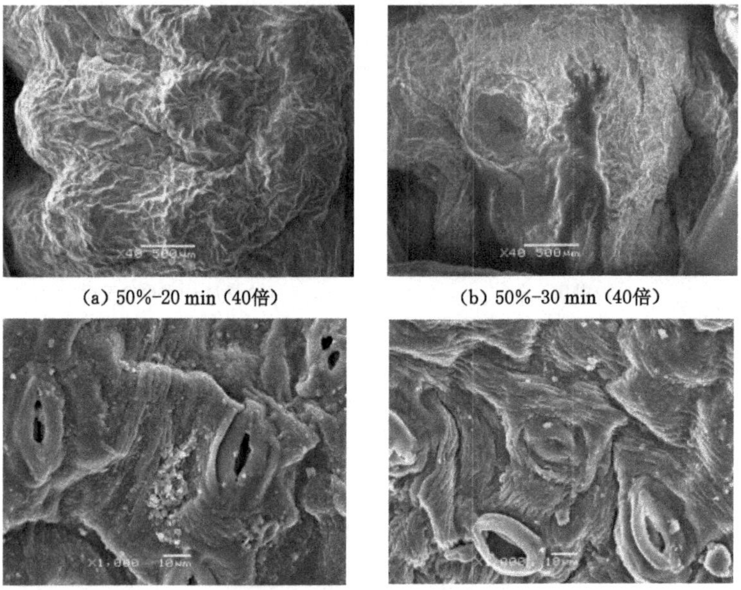

(a) 50%-20 min (40倍)　(b) 50%-30 min (40倍)

(c) 50%-20 min (1 000倍)　(d) 50%-30 min (1 000倍)

图 5-5　不同相对湿度热风干燥花椒表皮微观结构

程度较大，使部分气孔器闭合。因此，50%-30 min 热风干燥前期的剧烈排湿可能导致了花椒水分迁移通道减少，从而干燥后期速率下降。50%-20 min 热风干燥的花椒微观结构受到相对湿度变化带来的影响较小。

5.3　挥发油含量与成分

挥发油是大红袍花椒独特香味的主要来源，由多种化学物质组成，干制花椒果皮中所含的挥发油量为 5%～9%，具有香气浓郁、麻味醇正、使用方便等特点[104,110]，还具有抑菌、凝血等医疗功效，有研究表明花椒精油具有较强的体外抗肿瘤活性[111]。选取热风、热风-红外联合、热风-微波联合干燥（干燥条件：60 ℃、10%、150 g）后的大红袍花椒进行挥发油含量和化学成分分析。

5.3.1　蒸馏提取装置

挥发油蒸馏提取装置包含 400 mm 球形冷凝管、5 mL 挥发油测定器、500 mL 圆底烧瓶、铁架台、橡胶管、电热套（500 mL，上海平环燃烧设备）、多功能粉碎机（BJ-150，浙江拜杰）。

5.3.2　挥发油的提取

参照景娜娜[63]对大红袍花椒挥发油提取方法，将干燥后的大红袍花椒去籽，使用粉碎机将果皮粉碎，过 40 目筛后称取 20 g 花椒粉末放入圆底烧瓶，并加入 300 mL 去离子水和若干粒人造沸石。组装好挥发油蒸馏提取装置，将冷凝管通入自来水，然后使用电热套加热至微沸，持续 2 h 至挥发油测定器中油量稳定，停止加热。待冷却后读取挥发油体积，然后打开活塞将水缓缓放出，用玻璃广口瓶接取挥发油密封放入冰箱冷藏，随后对其成分进行检测分析。

5.3.3 气相色谱-质谱(GC-MS)分析

气相色谱-质谱联用仪(GC-MS 2010Plus,日本岛津),色谱条件:色谱柱 HP-5MS(30 m×0.25 mm×0.25 μm);升温程序:初始温度 35 ℃,保持 3 min,以 3 ℃/min 升温至 150 ℃,再以 10 ℃/min 升温至 260 ℃,最后以 5 ℃/min 升温至 290 ℃并保持 8 min;载气(He)流速:1.0 mL/min;进样量:1 μL[67]。质谱条件:电子轰击离子源,离子源温度:290 ℃;MS 传输杆温度:295 ℃;质量扫描范围:45～460 u[67]。根据保留时间和相似度检索,对照计算机谱库确定挥发油的化学成分,并通过简单的峰面积归一法计算出各组分的相对含量。

5.3.4 结果与讨论

热风、热风-红外联合、热风-微波联合干燥后的大红袍花椒中提取的挥发油含量分别为5.7%、7.3%、7.5%。热风干燥挥发油提取率低于另两种对流、辐射联合干燥方式,这与表皮微观结构(图 5-3)对应,热风干燥后的花椒油苞较干瘪。这是因为热风干燥时间较长,持续热风烘吹导致挥发性物质损失较多,而对流、辐射联合干燥很大程度缩短了干燥时间,提取的挥发油含量相对较高。因此选择对流与辐射联合干燥更有利于大红袍花椒挥发油含量的保留。提取挥发油进行 GC-MS 分析,其总离子色谱图(TIC)如图 5-6 所示。

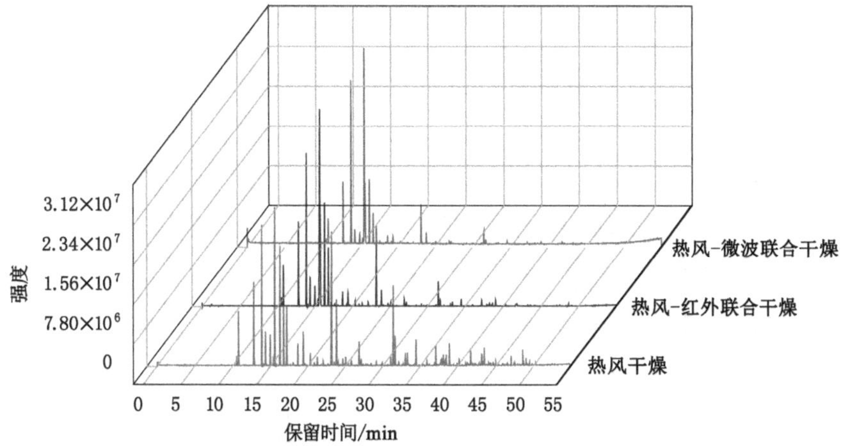

图 5-6 大红袍花椒挥发油 GC-MS 总离子流色谱图

不同干燥方式后的大红袍花椒挥发油化学成分及含量见表 5-1。由表 5-1 可知,从热风干燥、热风-红外联合干燥和热风-微波联合干燥后的大红袍花椒挥发油中分别鉴定出67 种、57 种、38 种化学成分,分别占总出峰面积的 96.02%、98.43%、98.45%。从大红袍花椒中提取的挥发油主要成分为:D-柠檬烯、(－)-4-萜品醇、(E)-B-罗勒烯、月桂烯、3-亚甲基-6-(1-甲基乙基)环己烯、桉叶油醇、乙酸松油酯、α-松油醇、罗勒烯、γ-松油烯(γ-萜品烯)、蒎烯、芳樟醇、α-水芹烯、4-蒈烯。这与多数学者鉴定的花椒挥发油成分基本相同[60,66-67,111]。这些烯烃类、酯类、醇类、醛类等化合物呈现出椒麻味,薄荷味、果香味、甜香味、柠檬味、橘子味等香气共同形成了大红袍花椒挥发油特有的刺激性气味。

从热风干燥、热风-红外联合干燥、热风-微波联合干燥方式的大红袍花椒挥发油中鉴定出的化学成分种类依次减少,这可能是由于辐射的热效应较强,高温对挥发油影响较大[66,112],也有可能是干燥过程中辐射的介入致使花椒中部分化学成分被变异、分解。一些国外学者研究植物挥发油时,发现经热风干燥后鉴定出的壬醛、α-法尼烯等化合物在微波干

表 5-1 不同方式干燥后的大红袍花椒挥发油化学成分

序号	CAS 编号（物质数字识别号码）	分子式	化合物名称	热风干燥			热风-红外联合干燥			热风-微波联合干燥		
				相似度/%	保留时间/min	含量/%	相似度/%	保留时间/min	含量/%	相似度/%	保留时间/min	含量/%
1	2867-05-2	$C_{10}H_{16}$	α-侧柏烯	96	10.55	0.51	96	10.56	0.61	94	10.57	0.53
2	7785-70-8	$C_{10}H_{16}$	蒎烯	97	10.80	3.13	97	10.81	3.15	96	10.82	2.82
3	79-92-5	$C_{10}H_{16}$	莰烯	94	11.47	0.02	93	11.48	0.02			
4	539-90-2	$C_8H_{16}O_2$	丁酸异丁酯	96	12.21	0.02	95	12.22	0.03	86	12.27	0.03
5	555-10-2	$C_{10}H_{16}$	3-亚甲基-6-(1-甲基乙基)环己烯	95	12.81	5.62	95	12.83	7.30	95	12.83	7.62
6	123-35-3	$C_{10}H_{16}$	月桂烯	96	13.88	7.00	96	13.90	10.43	96	13.88	19.56
7	99-83-2	$C_{10}H_{16}$	α-水芹烯	96	14.37	2.06	96	14.38	2.31	96	14.38	1.74
8	124-13-0	$C_8H_{16}O$	正辛醛	91	14.50	0.02	92	14.52	0.02			
9	29050-33-7	$C_{10}H_{16}$	4-蒈烯	96	15.01	2.02	96	15.02	1.67	95	15.03	1.11
10	142-92-7	$C_8H_{16}O_2$	乙酸己酯	92	15.19	0.08	94	15.20	0.02			
11	527-84-4	$C_{10}H_{14}$	邻异丙基甲苯	96	15.43	0.64	96	15.44	0.51	95	15.44	0.59
12	5989-27-5	$C_{10}H_{16}$	D-柠檬烯	91	15.63	13.84	91	15.70	29.02	92	15.64	29.25
13	470-82-6	$C_{10}H_{18}O$	桉叶油醇	75	15.84	0.16	88	15.77	5.97	93	15.74	8.00
14	3779-61-1	$C_{10}H_{16}$	(E)-B-罗勒烯	97	16.33	8.33	97	16.34	9.04	98	16.32	7.81
15	13877-91-3	$C_{10}H_{16}$	罗勒烯	97	16.82	4.13	97	16.83	4.91	97	16.83	3.70
16	99-85-4	$C_{10}H_{16}$	γ-松油烯(γ-萜品烯)	97	17.24	3.70	97	17.25	3.03	96	17.25	2.06
17	138-87-4	$C_{10}H_{18}O$	β-松油醇	87	17.68	0.05	88	17.68	0.16	86	17.71	0.30
18	111-87-5	$C_8H_{18}O$	1-辛醇	97	18.10	0.19	96	18.13	0.08			
19	586-62-9	$C_{10}H_{16}$	异松油烯	96	18.73	1.38	96	18.74	1.20	95	18.75	0.80
20	78-70-6	$C_{10}H_{18}O$	芳樟醇	98	19.45	2.19	98	19.46	1.09	96	19.48	0.85
21	124-19-6	$C_9H_{18}O$	壬醛	83	19.66	0.14	90	19.69	0.09			
22	112-06-1	$C_9H_{18}O_2$	乙酸庚酯	96	20.23	0.03	94	20.25	0.03			
23	673-84-7	$C_{10}H_{16}$	2,6-二甲基-2,4,6-辛三烯	88	20.91	0.16	94	20.92	0.13	81	20.93	0.06
24	2385-77-5	$C_{10}H_{18}O$	(+)-香茅醛	97	22.13	0.31	97	22.15	0.30	89	22.17	0.14

表 5-1(续)

序号	CAS 编号（物质数字识别号码）	分子式	化合物名称	热风干燥			热风-红外联合干燥			热风-微波联合干燥		
				相似度/%	保留时间/min	含量/%	相似度/%	保留时间/min	含量/%	相似度/%	保留时间/min	含量/%
25	20126-76-5	$C_{10}H_{18}O$	(－)-4-萜品醇	97	23.28	8.70	96	23.24	7.28	96	23.22	5.28
26	98-55-5	$C_{10}H_{18}O$	α-松油醇	97	23.93	4.72	97	23.91	1.40	96	23.93	1.34
27	112-14-1	$C_{10}H_{20}O_2$	醋酸辛酯	98	25.15	0.59	98	25.17	0.33	95	25.18	0.26
28	106-25-2	$C_{10}H_{18}O$	橙花醇	93	25.85	0.18	87	25.88	0.03			
29	141-16-2	$C_{14}H_{26}O_2$	丁酸香茅酯	90	25.92	0.31	89	25.95	0.05			
30	89-81-6	$C_{10}H_{16}O$	胡椒酮	96	26.94	1.65	96	26.96	0.65	93	26.99	0.37
31	7149-26-0	$C_{17}H_{23}NO_2$	2-氨基苯甲酸-3,7-二甲基-1,6-辛二烯-3-醇酯	94	27.23	0.58	94	27.24	0.38	89	27.25	0.27
32	112-30-1	$C_{10}H_{22}O$	1-癸醇	97	28.03	0.16	92	28.06	0.02			
33	76-49-3	$C_{12}H_{20}O_2$	乙酸冰片酯	96	28.55	0.15	94	28.56	0.06			
34	4821-04-9	$C_{12}H_{20}O_2$	1-松烯-4-乙酸乙酯	90	29.24	0.29	89	29.26	0.18	78	29.27	0.08
35	143-13-5	$C_{11}H_{22}O_2$	乙酸壬酯	97	29.87	0.07	92	29.89	0.02			
36	80-26-2	$C_{12}H_{20}O_2$	乙酸松油酯	95	31.53	5.62	96	31.53	2.18	95	31.53	1.68
37	150-84-5	$C_{12}H_{22}O_2$	乙酸香茅酯	97	31.77	1.98	97	31.78	0.55	95	31.79	0.47
38	141-12-8	$C_{12}H_{20}O_2$	乙酸橙花酯	95	32.27	0.32	93	32.29	0.06	77	32.29	0.03
39	3856-25-5	$C_{15}H_{24}$	ALPHA-蒎烯	91	32.65	0.05						
40	105-87-3	$C_{12}H_{20}O_2$	乙酸香叶酯	97	33.14	0.86	97	33.15	0.19	86	33.16	0.11
41	515-13-9	$C_{15}H_{24}$	β-榄香烯	96	33.41	0.93	96	33.43	0.33	88	33.43	0.16
42	112-40-3	$C_{12}H_{26}$	正十二烷	93	33.85	0.03	89	33.87	0.02			
43	112-17-4	$C_{12}H_{24}O_2$	乙酸癸酯	96	34.33	0.10	89	34.36	0.02			
44	87-44-5	$C_{15}H_{24}$	1-石竹烯	96	34.56	1.89	96	34.57	0.67	94	34.58	0.43
45	103-52-6	$C_{12}H_{16}O_2$	丁酸苯乙酯	85	35.54	0.08						
46	6753-98-6	$C_{15}H_{24}$	α-石竹烯	97	36.03	0.48	96	36.05	0.12			
47	25246-27-9	$C_{15}H_{24}$	香树烯	93	36.35	0.08						

表 5-1(续)

序号	CAS 编号（物质数字识别号码）	分子式	化合物名称	热风干燥			热风-红外联合干燥			热风-微波联合干燥		
				相似度/%	保留时间/min	含量/%	相似度/%	保留时间/min	含量/%	相似度/%	保留时间/min	含量/%
48	23986-74-5	$C_{15}H_{24}$	(-)-菊酯 D	93	37.24	1.46	94	37.25	0.55	90	37.26	0.26
49	17066-67-0	$C_{15}H_{24}$	B-瑟林烯	94	37.44	0.09						
50	39029-41-9	$C_{15}H_{24}$	Γ-杜松烯	84	37.69	0.08						
51	15423-57-1	$C_{15}H_{24}$	大根香叶烯 B	91	37.91	0.64	91	37.93	0.20			
52	10208-80-7	$C_{15}H_{24}$	α-衣兰油烯	95	38.10	0.41	95	38.12	0.14			
53	502-61-4	$C_{15}H_{24}$	α-法尼烯	95	38.49	0.33	94	38.51	0.10			
54	30021-74-0	$C_{15}H_{24}$	γ-穆罗烯	94	38.65	0.80	93	38.66	0.25	77	38.67	0.09
55	483-76-1	$C_{15}H_{24}$	Δ-杜松烯	90	39.06	1.65	90	39.08	0.50	85	39.09	0.23
56	639-99-6	$C_{15}H_{26}O$	榄香醇	95	40.10	0.13						
57	339154-91-5	$C_{15}H_{24}$	γ-榄香烯	92	40.37	0.48	92	40.39	0.16	70	40.40	0.05
58	6750-60-3	$C_{15}H_{24}O$	斯巴醇	94	41.21	0.18						
59	1139-30-6	$C_{15}H_{24}O$	石竹烯氧化物	91	41.42	0.22						
60	84-66-2	$C_{12}H_{14}O_4$	酞酸二乙酯	97	41.88	1.09	95	41.88	0.58	92	41.93	0.28
61	629-62-9	$C_{15}H_{32}$	正十五烷	89	42.14	0.13	92	42.15	0.04			
62	5937-11-1	$C_{15}H_{26}O$	T-杜松醇	94	43.31	1.01	93	43.32	0.10	58	43.33	0.04
63	481-34-5	$C_{15}H_{26}O$	A-毕橙茄醇	90	43.66	1.06	87	43.67	0.07	55	43.68	0.03
64	124-25-4	$C_{14}H_{28}O$	十四醛三聚物	94	44.99	0.04						
65	1113-21-9	$C_{20}H_{34}O$	香叶基芳樟醇	91	45.16	0.21						
66	4128-17-0	$C_{17}H_{28}O_2$	反,反-西基乙酸	94	47.18	0.36	89	47.19	0.03			
67	84-69-5	$C_{16}H_{22}O_4$	邻苯二甲酸二异丁酯	93	47.57	0.10	94	47.58	0.05	77	47.60	0.02
计数				67			57			38		
总占比				96.02%			98.46%			98.40%		

燥和新鲜物料中却没有鉴定出，他们认为这种现象可能是由于在干燥过程中通过酯化、氧化、糖苷水解等形式促使这些化合物被生成或去除[113-115]。这也可解释为什么热风干燥的大红袍花椒挥发油中酯类和醇类化合物更多(占32.67%)，相对含量更高，其中乙酸松油酯(5.62%)、乙酸香茅酯(1.98%)、(－)-4-萜品醇(8.70%)、α-松油醇(4.72%)、芳樟醇(2.19%)在热风干燥方式中的相对含量高于另外两种对流、辐射干燥方式。桉叶油醇是两种联合干燥方式干燥后的大红袍花椒挥发油中的主要醇类化合物(分别占5.97%、8.00%)，有樟脑刺激气味，广泛用于医药，但在热风干燥后的大红袍花椒挥发油中其相对含量只有0.16%，相似度也仅为75%，热风干燥可能会使大红袍花椒中的桉叶油醇丧失。

热风-红外联合干燥和热风-微波联合干燥方式烯烃类化合物相对含量相差不大，分别占75.30%和78.0%，而热风干燥方式下烯烃类化合物仅为59.82%。一方面是因为热风干燥中鉴定的化合物种类更多，烯烃含量相对减少；另一方面是因为烯烃类的主要化合物D-柠檬烯和月桂烯在热风干燥后的大红袍花椒中所占含量分别仅为13.84%、7.00%，而在热风-红外联合干燥和热风-微波联合干燥中分别为29.02%、10.43%和29.25%、19.56%，可能是干燥时间对这两种物质的含量影响较大或是辐射能够很好地保留这两种物质，有学者在对其他植物精油研究中也发现了类似情况[65,115]。

综上所述，热风干燥后的大红袍花椒挥发油提取率相对其他两种干燥方式较低，但能保留更多种类化学成分。热风-红外联合干燥和热风-微波联合干燥后的大红袍花椒中能提取到更多的挥发油，且烯烃类物质含量要明显高于热风干燥后的。

6 干燥系统控制

6.1 花椒干燥过程阶段控湿的可行性

阶段控湿是指根据干燥过程中不同阶段的要求，采取控制不同相对湿度的干燥策略[40]。在干燥过程中，通常可以分为初期、中期和末期三个阶段，每个阶段的湿度要求可能不同。在相同温度条件下，相对湿度越高，单位体积空气中所含水分热量越大，导致对流换热效率提升，使得物料的升温过程更为迅速。特别是在干燥过程的起始阶段，较高相对湿度有助于物料内部迅速吸收热量，随后适当降低周围环境的相对湿度，既能加速干燥进程，又能防止物料表面因干燥过快而形成硬壳现象[59]。

结合热风和红外干燥优势，设计基于 PLC 的温度、相对湿度和风速控制的花椒热风-红外联合干燥装置，并应用模糊 PID(比例、积分、微分)控制算法，提高控制精度。

6.2 系统工作原理

大红袍花椒干燥系统如图 6-1 所示，包括温度、湿度、风速控制模块，余热回收模块等。该系统主要有主通风管道、回风通道以及各种电控元件包括轴流风机、电极式加湿器、加热器、自制干燥箱(室)、排湿风机、回风机、同步电机、电子天平、石英灯自动旋转机构、温湿度记录仪、温度传感器、PLC、变频器和触摸屏等。

轴流风机由三相异步电动机提供动力，并连接变频器进行控制；加热器由温控仪控制，并连接在 PLC 上，加热空气进入管道，与电极式加湿器产生的蒸汽混合后进入干燥箱内；干燥热湿空气大部分通过排湿风机排出，少部分通过在干燥箱左上端开孔的回风机进行余热回收，经除湿硅胶[116]吸附除湿后，排入干燥箱右侧的主通风管道。大红袍花椒放置在干燥箱中部的托盘上，托盘与上方的电子天平连接以实时测量花椒质量，并将数据传输到电脑中。为了能够更加精确地控制干燥箱内的温湿度，分别在托盘内部、托盘左侧、托盘下侧、风口位置和干燥箱中部布置 5 个测点监测物料和流场温度，在干燥箱中部布置 1 个测点监测流场湿度，前 4 个测点采用 PT100 传感器，通过 EM235 模拟量输入模块进行 A/D(模拟量/数字量)转换与 PLC 连接；温湿度记录仪通过 RS-485 接口与 PLC 连接。

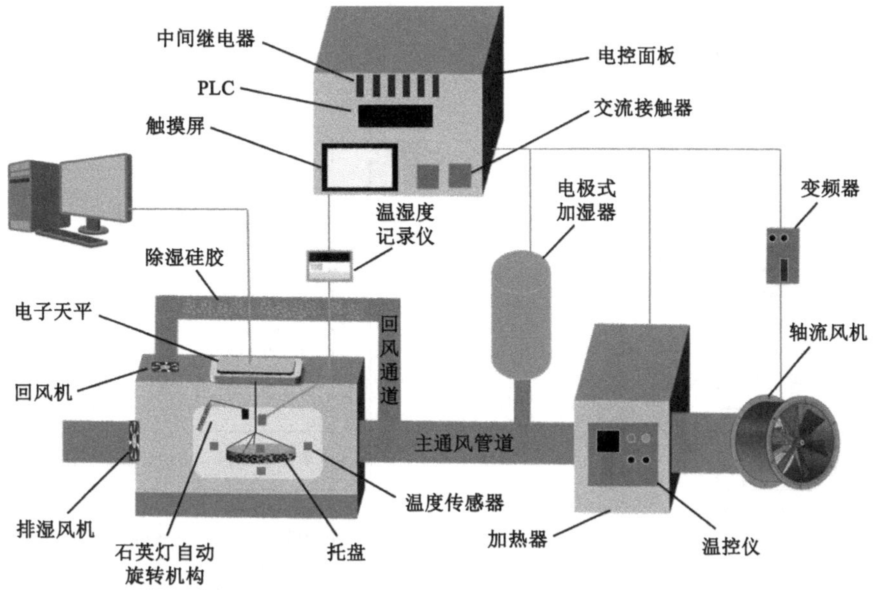

图 6-1 大红袍花椒干燥系统示意图

6.3 控制硬件与软件设计

6.3.1 干燥控制系统总体架构

干燥控制系统总体架构如图 6-2 所示。选用 S7-200 型 PLC 为控制系统的核心控制器，添加了两个扩展模块。通过采用直接连接和使用中间继电器间接连接的方式，实现对各模块的反馈控制，与上位机触摸屏的联合实现系统可视化，从而达到自动化控制与智能监控。

信号采集模块由温度传感器、温湿度记录仪和电子天平构成，其中温度传感器与 EM235 模块连接，温湿度记录仪连接到 PLC 的 RS485 通信端口，电子天平通过电脑直接与 PLC 连接，将采集的干燥室内温湿度信息和花椒质量变化，汇集到 PLC 中。执行模块是通过控制中间继电器，从而控制同步电机的正反转、加湿器和加热器的开关等。热风温度控制模块是通过控制温控仪，进而控制加热器的功率进行控温。加湿量控制模块是将加湿器模拟量输入端与 EM232 模块连接，控制加湿量的大小。风速控制模块主要是由 PLC 控制器输出控制指令，变频器控制三相异步电动机以特定的频率进行运转进而达到控制风速的目的。人机交互是通过连接在 PLC 上的触摸屏实现的，可显示各个部件的运行状态和温湿度信息等。干燥控制系统硬件连接如图 6-3 所示。

6.3.2 主要设备配置选型

(1) PLC 控制器及扩展模块选型

选用西门子 S7-200 226CN 系列 PLC 作为控制核心。该控制器硬件结构主要包括 CPU 模块、存储器单元、输入模块与输出模块。

PLC 左端两个端口可直接通过编程电缆与电脑和触摸屏连接，也可通过 RS485 通信协议与温湿度记录仪等通信；右端扩展端口能直接与其他 PLC 模块通信，本章使用了 EM235

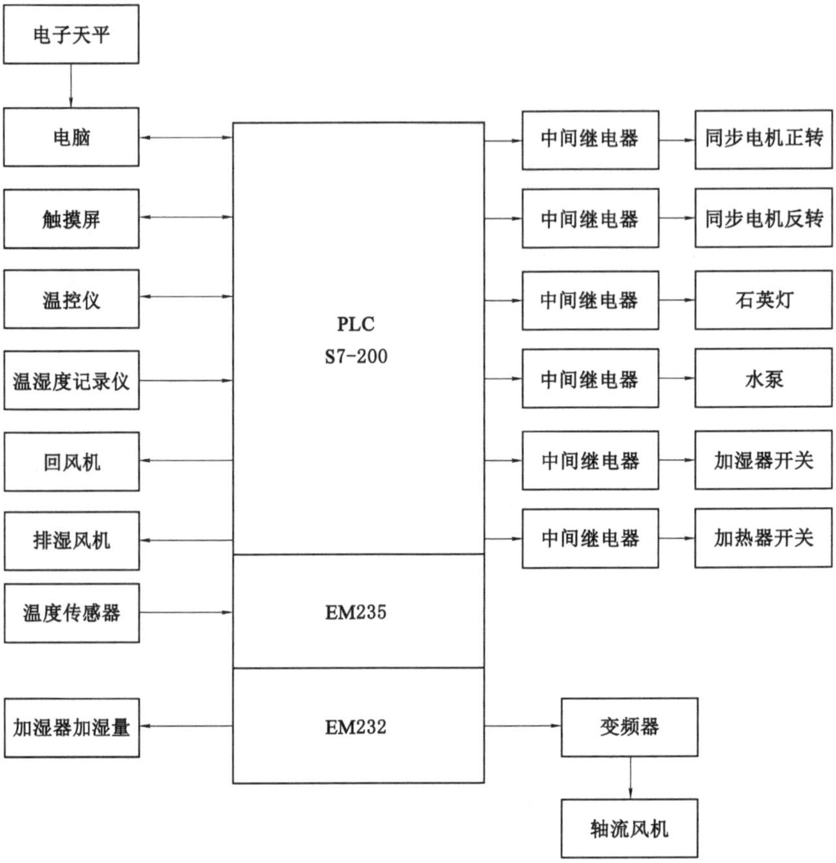

图 6-2　干燥控制系统框图

图 6-3　干燥控制系统硬件连接图

和 EM232 两个扩展模块。EM235 为数字输入/输出模块，允许控制系统与外部设备进行通信和交互，具有 4 通道输入、1 通道输出，信号类型包括开关信号、传感器信号和模拟信号；EM232 为数字输出模块，具有 2 通道输出，只能进行信号输出。

(2) 触摸屏(HMI)选型

选用昆仑通态 MCGS TPC7012EI 触摸屏,7 英寸(1 英寸=2.54 cm)屏幕,分辨率高达 800 px×480 px。该触摸屏配备了一条通信线,可直接连接到 PLC。与之搭配的 MCGS Pro 组态软件进行操作界面的编程,可以设计任意类型的画面。同时预留 U 盘接口,可将干燥过程中的各参数备份。

(3) 加热器、电极式加湿器和轴流风机选型

加热器由 3 根干式翅片加热管和控制电路组成,用温控仪将加热器和 PLC 连接、通信。温控仪内置智能芯片,可实现温度的 PID 控制,本章通过 PLC 控制器的 Modbus 协议实现对温度更精确的控制。加热器和温控仪型号及参数如表 6-1 所列。

表 6-1 加热器和温控仪型号及参数

型号	品牌	电压/V	功率/W	通信方式
加热器 G-11	山东汉友	380	11 400	—
温控仪 LU-920	安东电子	220	9	RS485 通信

电极式加湿器由支架、加湿桶、蒸汽软管、进水阀、排水阀和控制电路板等部件组成,具体参数见表 6-2。加湿器自带的比例控制输入端口与 EM232 模块模拟量电流(4～20 mA)输出的通道连接,通过改变电流的大小,改变加湿器的输出频率,实现对其自动控制。

表 6-2 电极式加湿器型号及参数

型号	品牌	电压/V	功率/kW	控制方式
KF1534	国祥净化	380	11.4	模拟量电流 4～20 mA

台达 VFD-M 系列变频器模拟量输入端口与 EM232 模块模拟量输出电流(4～20 mA)通道连接,通过改变电流的大小控制变频器,实现对轴流风机的控制。具体参数如表 6-3 所列。

表 6-3 变频器和轴流风机型号及参数

型号	额定电压/V	功率/kW	电源相数	控制方式	转速/(r·min^{-1})	风压/Pa
变频器 VFD004M21A	220(交流电)	0.4	2	模拟量电流 4～20 mA	—	—
轴流风机 SF3-4	220(交流电)	0.12	2	变频器控制	1 450	59

(4) 排湿风机、回风机选型

两个小型风机分别用于干燥室的排湿和余热回收。排湿风机安装在干燥室左侧出风口;回风机安装在干燥室左上方,负责热量的回收利用,并通过保温管道(内填满硅胶颗粒吸附除湿)输送至主通风管道,设置回风机每隔 2 min 运行 30 s。

(5) 温度传感器、温度变送器以及温湿度记录仪选型

在通风管道内设若干个温湿度传感器测试温湿度变化;同时在干燥室内布置 4 个

PT100 温度传感器，分别在托盘内部、托盘左侧、托盘下侧、风口位置，通过温度变送器与EM235 模块连接；在干燥室中部布置一台温湿度记录仪，通过 RS485 接口协议连接至 PLC 端口，通过 Modbus 协议读取温度、湿度数据。

(6) 其他设备选型

同步电机为石英灯转动提供动力；水泵给加湿器加水防止产生的蒸汽不足；风速仪用来检测干燥室内风速；通过中间继电器控制 220 V 设备；指示灯亮度展示每个设备的运行状态；电子天平称量花椒质量。控制系统需要的其他控制元件以及电路保护设备见表 6-4。

表 6-4 其他设备型号及参数

序号	名称	数量	型号	厂家	其他
1	同步电机	1	LS-0412	普菲德	功率 15 W
2	水泵	1	60KTYZ	雷士泰	转速 2.5 r/min
3	风速仪	1	AR866A	SMART SENSOR	精度 1%
4	碳纤维远红外石英灯	1	—	济南瑞倩环保	波长 3～14 μm 功率 400 W
5	开关电源	1	S-120-24	深圳市明纬电气	功率 25 W
6	指示灯	4	VD16-22DS	正泰电器	—
7	中间继电器	6	JZX-22F		—
8	交流接触器	2	CJX2-1810		—
9	按钮	2	NP4-118N-G		—
10	空气开关	4	NXB-63A		—
11	电子天平	1	PWN423ZH/E	OHAUS	精度±0.002 g

6.3.3 电气接线原理

接线图可以分为逻辑接线图和物理接线图两种类型[117]。电路的结构和连接方式，如图 6-4 所示。

6.3.4 干燥系统软件设计

基于对大红袍花椒干燥系统的硬件设计，利用全自动化集成软件 STEP 7-Micro/WIN V4.0 SP9 和 McgsPro 组态软件完成 PLC 程序的编写和上位机监控画面的设计。

(1) 西门子 STEP 7 软件设计平台

西门子 STEP 7-Micro/WIN V4.0 SP9 软件是一种用于编程和配置西门子 S7-200 系列 PLC 的集成开发环境，在程序编写之前要使用定制的 USB-PPI 电缆将电脑端与西门子 S7-200 连接通信。

(2) 昆仑通态 McgsPro 组态软件设计平台

昆仑通态 McgsPro 组态软件设计平台是用于工业自动化领域的设计平台，如图 6-5 所示。打开 McgsPro 软件，点击"新建项目"按钮，创建一个新的项目文件夹。在项目文件夹中，右键点击"组态界面"，选择"新建组态界面"，创建一个新的界面文件。在新建的界面文

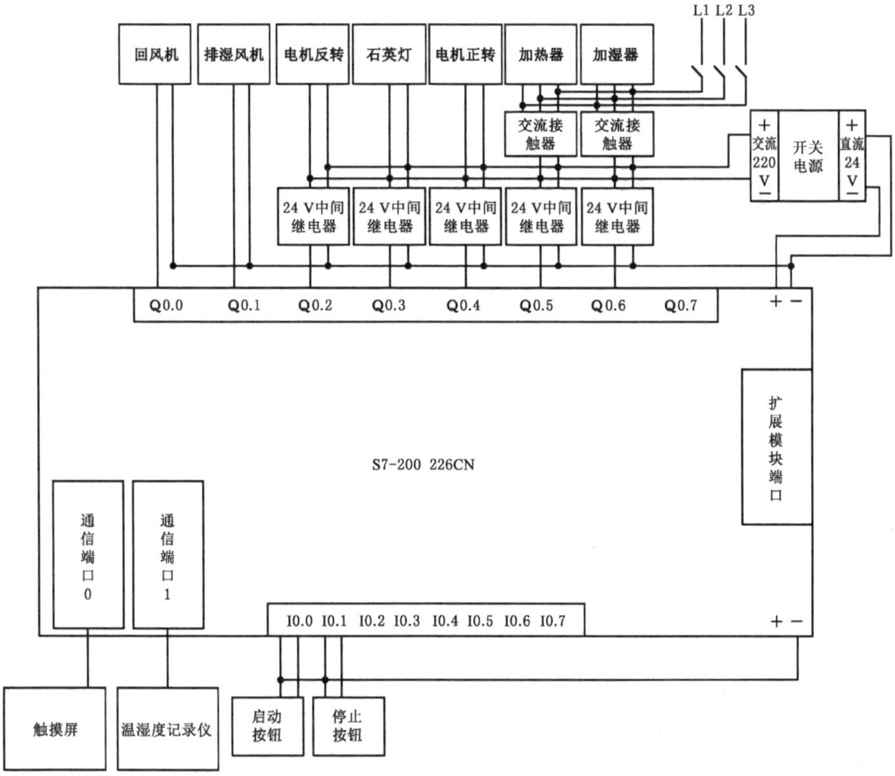

(a) S7-200 226CN电气原理接线图

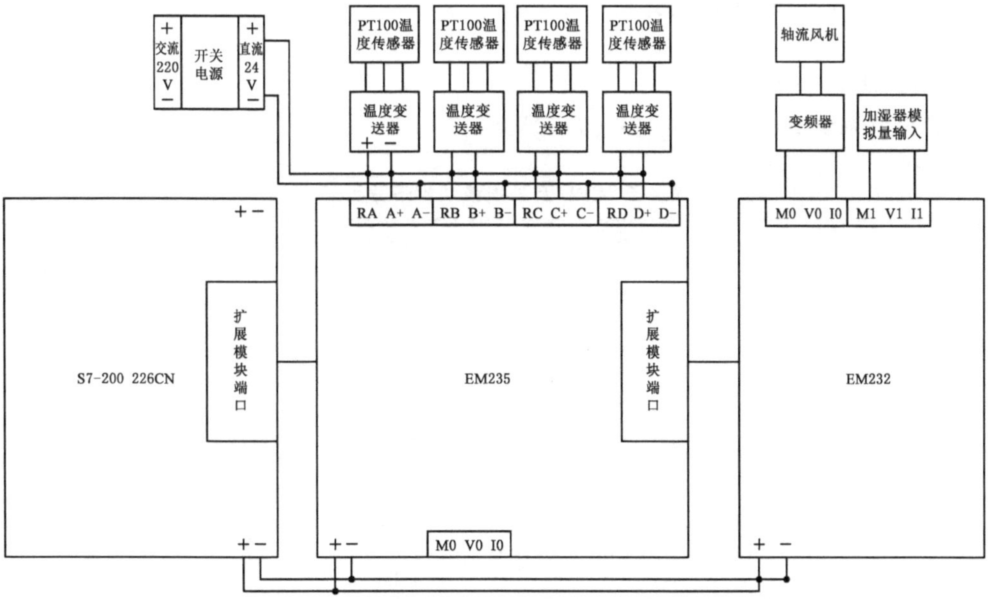

(b) EM235扩展模块电气原理接线图

图 6-4 系统电气原理接线图

件中，可通过拖拽的方式将需要的控件添加到界面上。可从图形库中选择合适的控件，例如按钮、开关、指示灯等。选中添加到界面上的控件，可通过属性窗口对其进行配置。可设置控件的大小、位置、颜色、字体等属性，以及与其他控件的关联关系。

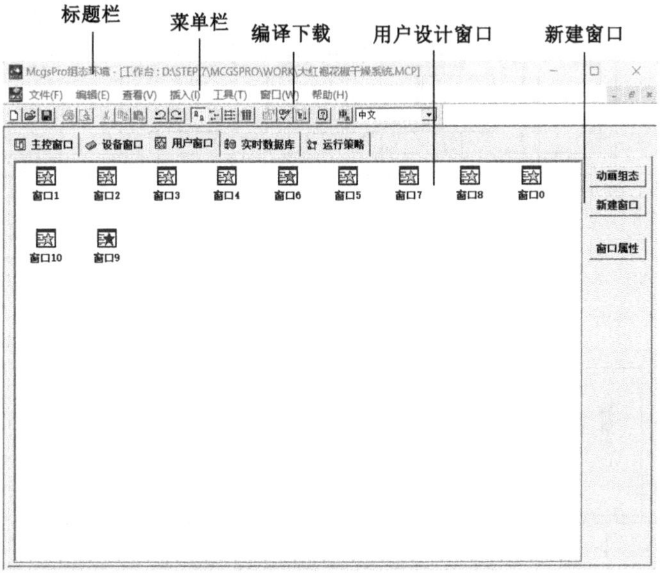

图 6-5　昆仑通态 McgsPro 组态软件设计界面图

6.4　PLC 控制程序设计

6.4.1　触点地址分配

PLC 控制系统 I/O 地址分配如表 6-5 所列。

表 6-5　CPU 及扩展模块端子分配表

模块	端子分配	接线器件	信号类型
CPU	DI 0.0	启动按钮	数字量
	DI 0.1	停止按钮	
	DO 0.0	回风机	
	DO 0.1	排湿风机	
	DO 0.2	同步电机反转	
	DO 0.3	石英灯	
	DO 0.4	同步电机正转	
	DO 0.5	加热器开关	
	DO 0.6	加湿器开关	
	DO 0.7	水泵	

表 6-5(续)

<table>
<tr><th>模块</th><th>端子分配</th><th>接线器件</th><th>信号类型</th></tr>
<tr><td rowspan="4">EM235</td><td>AI A+、AI A—</td><td>PT100 温度传感器 1</td><td rowspan="9">模拟量</td></tr>
<tr><td>AI B+、AI B—</td><td>PT100 温度传感器 2</td></tr>
<tr><td>AI C+、AI C—</td><td>PT100 温度传感器 3</td></tr>
<tr><td>AI D+、AI D—</td><td>PT100 温度传感器 4</td></tr>
<tr><td rowspan="2">EM232</td><td>AO V0、AO I0</td><td>变频器</td></tr>
<tr><td>AO V1、AO I1</td><td>加湿器模拟量端</td></tr>
<tr><td>温湿度记录仪</td><td>RS485 通信</td><td rowspan="3">CPU</td></tr>
<tr><td>触摸屏</td><td>RS485 通信</td></tr>
<tr><td>温控仪</td><td>RS485 通信</td></tr>
</table>

6.4.2　通信协议程序设计

本系统中的温控仪、触摸屏和温湿度记录仪均通过 Modbus 协议以串行连接的方式与 PLC 进行通信，并对 Modbus 协议数据读写寄存。Modbus 协议主站、从站参数调节编程梯形图语言见图 6-6。

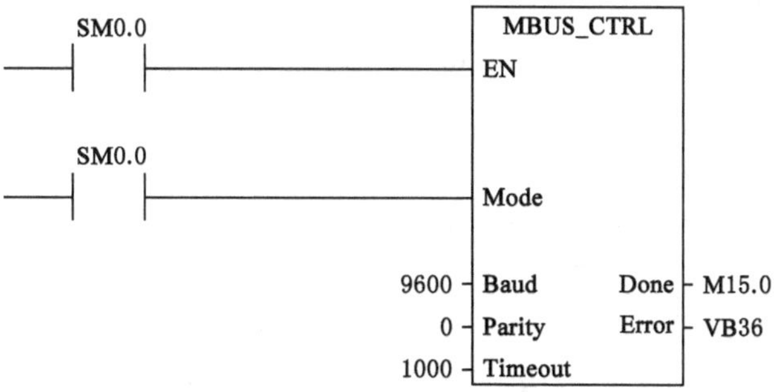

(a) Modbus协议主站参数调节图

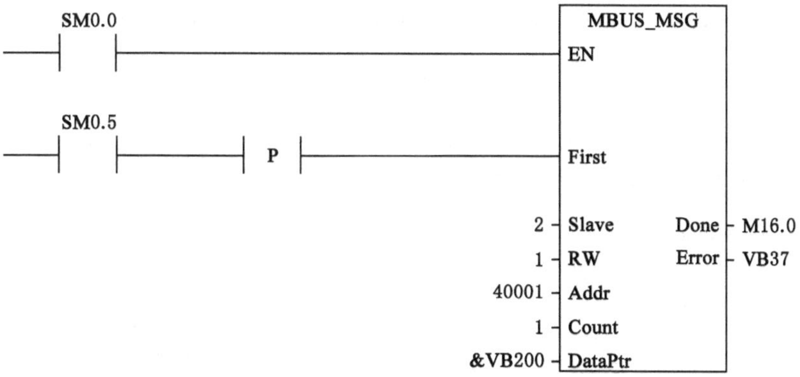

(b) Modbus协议从站参数调节图

图 6-6　Modbus 协议主站、从站参数调节图

6.4.3 PWM(脉冲宽度调制)占空比调节

考虑到干燥室温湿度变化的不确定性,单一的风速不足以精确调节干燥室的温湿度,将PWM占空比调节运用到回风机和排湿风机的转速上,通过调节脉冲信号的高电平与整个周期的比值,改变风机风速大小。

排湿风机PWM占空比调节高速挡、中速挡和低速挡的编程程序如图6-7所示,可根据干燥室内的温湿度通过程序控制任意切换。

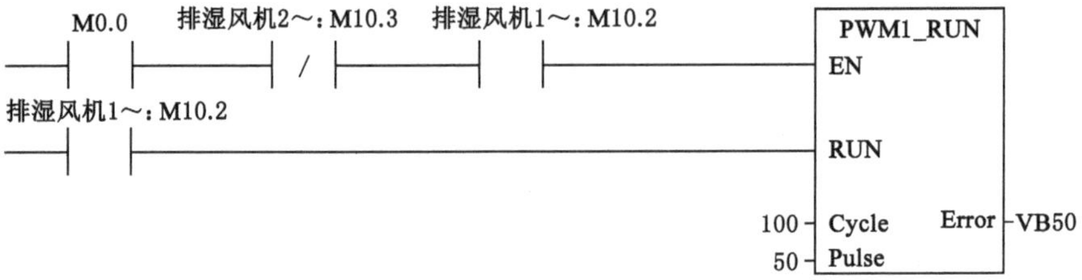

(a) 排湿风机PWM占空比调节高速挡位编程图

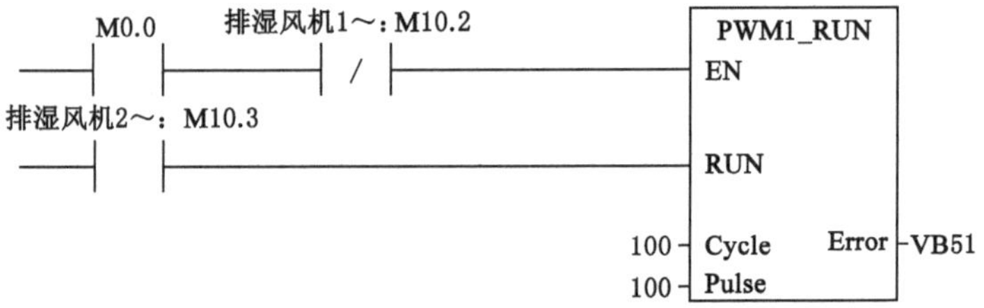

(b) 排湿风机PWM占空比调节中速挡位编程图

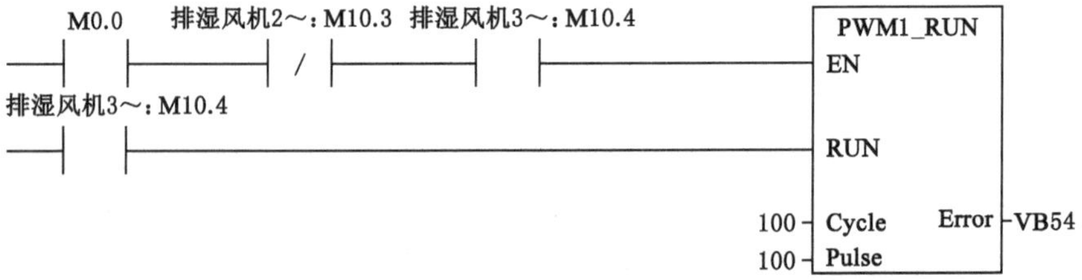

(c) 排湿风机PWM占空比调节低速挡位编程图

图6-7 排湿风机PWM占空比调节高、中、低速挡位编程图

回风机PWM占空比调节高速挡和低速挡编程程序如图6-8所示。

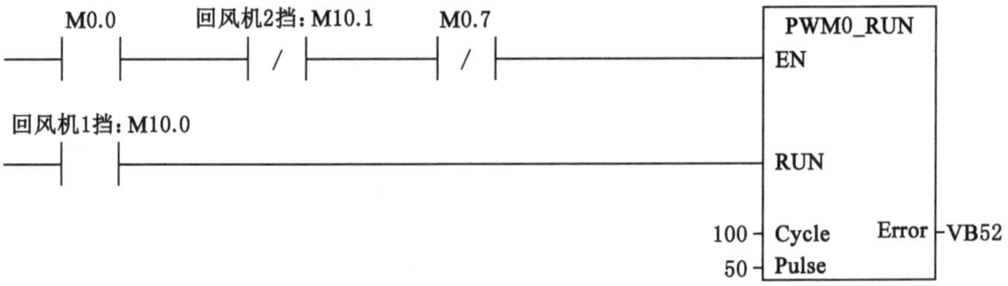

(a) 回风机PWM占空比调节高速挡位编程图

图6-8 回风机PWM占空比调节高、低速挡位编程图

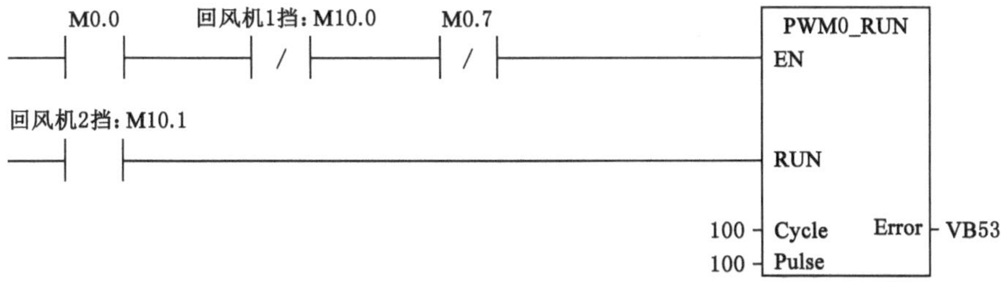

(b) 回风机PWM占空比调节低速挡位编程图

图 6-8 （续）

6.5　上位机组态设计与系统流程设计

6.5.1　干燥控制系统登录界面

采用 MCGS 组态软件进行人机界面设计，干燥控制系统主菜单界面见图 6-9。点击“登录按钮”，弹出输入密码框，分为负责人登陆或客户登录，在客户登录情况下，对一部分功能进行隐藏，防止操作不当引起系统紊乱。在输入密码之后，进行干燥控制。

图 6-9　干燥控制系统的主菜单界面图

6.5.2　手动和自动控制模式界面

设置手动或自动控制模式，进行精确管理，如图 6-10 所示。

6.5.3　工艺模式选择界面

在进行自动控制模式之后，要先选择所需进行的工艺模式，确定好工艺模式之后，就可以进行相应的干燥流程，工艺模式选择界面如图 6-11 所示。

6.5.4　温湿度实时监测界面

PLC 对采集的温湿度数据进行记录，通过触摸屏的组态功能实时显示在界面上。有实时曲线和历史曲线两种形式，让操作人员更加直观地观察到温湿度的趋势，并根据发展趋势对其做出相应的调整。干燥室内各监测点的温度和温湿度记录显示如图 6-12 所示。

6.5.5　报警窗口和系统存盘数据界面

可设置安全的温湿度测点范围，当温湿度超过设定范围时，触摸屏会弹出报警窗口与报警声。同时，为保证干燥过程中的数据记录完整，将干燥过程中各个部件的运行状况和运行

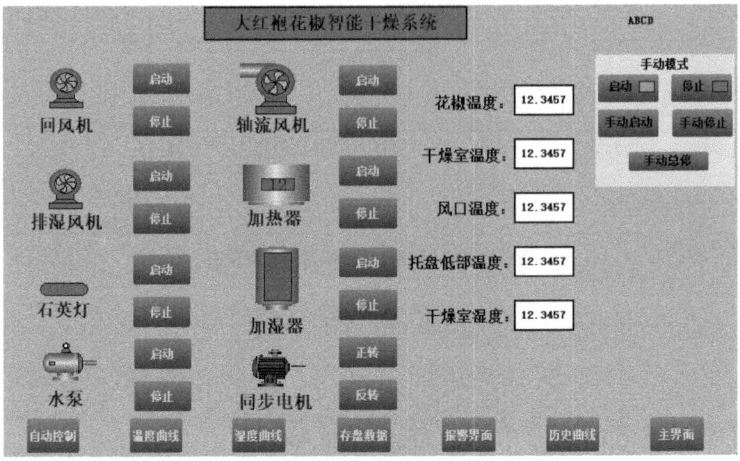

(a) 手动控制模式界面图

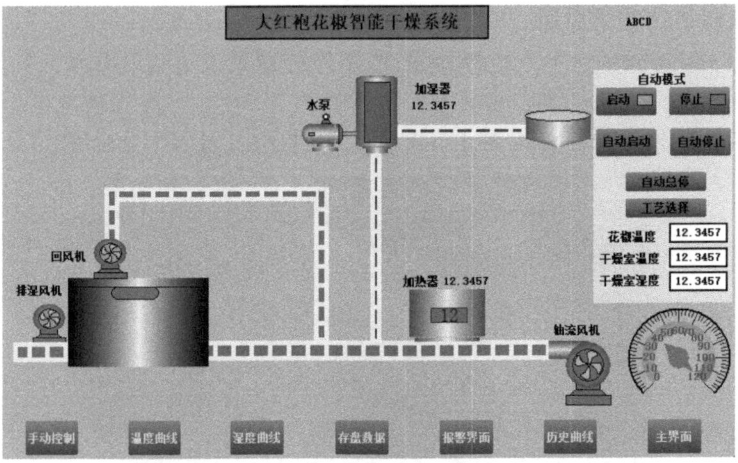

(b) 自动控制模式界面图

图 6-10　手动和自动控制模式界面图

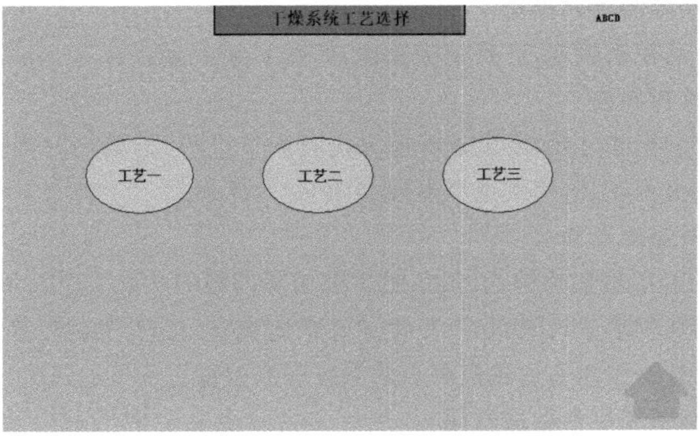

图 6-11　工艺模式选择界面图

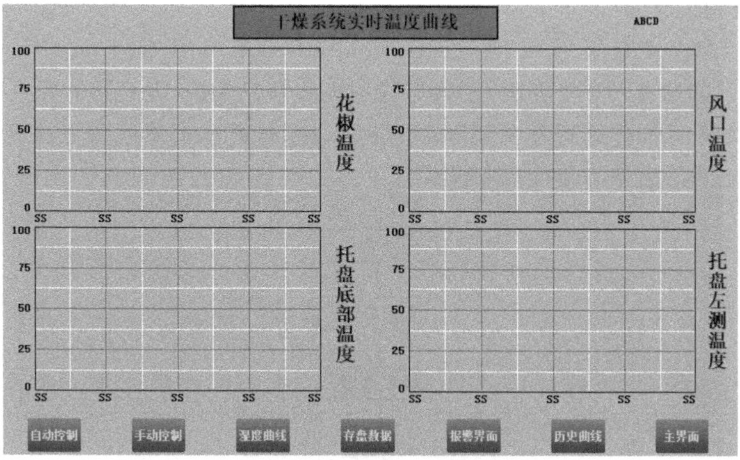

(a) 温度传感器实时监测曲线界面图

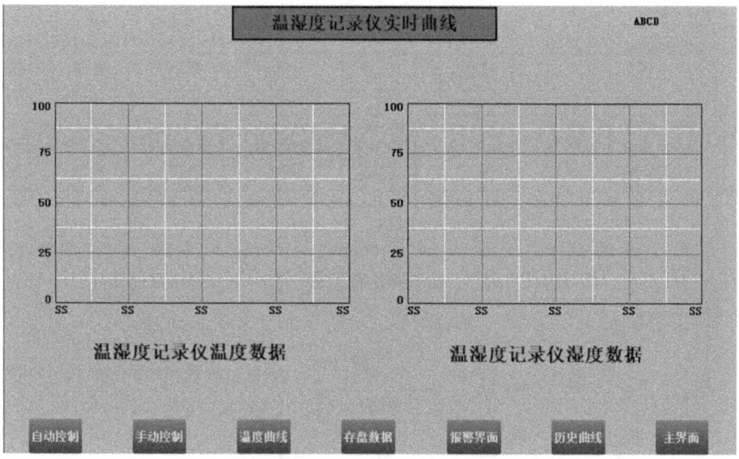

(b) 温湿度记录仪实时监测曲线界面图

图 6-12 温度传感器和温湿度记录仪实时监测曲线界面图

参数记录保存;如需要数据导出,先将 U 盘插入触摸屏背后接口,点击“数据导出”按钮,可将最近两周的数据存储在 U 盘中。如图 6-13 所示。

(a) 报警窗口界面图

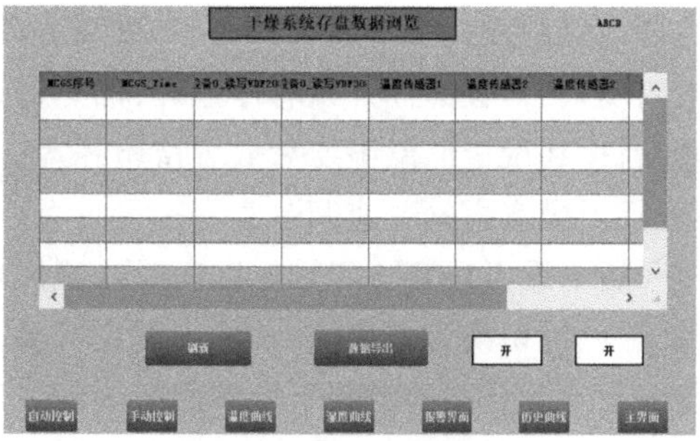

(b) 系统存盘数据界面图

图 6-13 报警窗口和系统存盘数据界面图

6.5.6 系统流程设计

(1) 手动控制模式流程

系统上电后首先进入开机界面,设置有管理员和客户操作,有不同的开机密码。在手动控制模式中可对任何部件进行逐一调试,系统手动控制模式工作流程见图 6-14,手动控制模式调试完成之后再切换为自动控制模式。

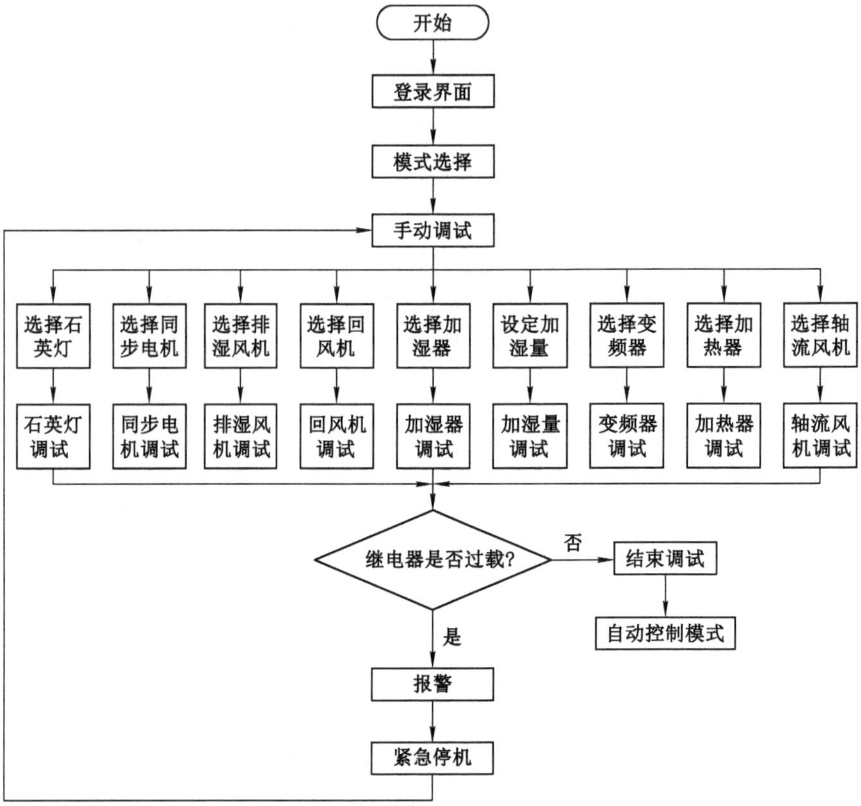

图 6-14 手动控制模式流程图

(2) 自动控制模式流程

自动控制模式是本系统的核心,进入自动控制模式后,首先进行系统初始化,选择适合的工艺模式后,各部件开始有序运转;加热器、加湿器、轴流风机等同时启动,系统进入预热阶段,当达到设定的温湿度后放置试验托盘。回风机和排湿风机分别使用 PWM 占空比调节,进行干燥室内的风速调节。

开始干燥至湿度达到设定区间时排湿风机以中速挡运行,若干燥室内湿度高于设定区间,排湿风机切换为高速挡;若低于设定区间,排湿风机则切换为低速挡,通过排湿风机和加湿器的相互配合共同控制干燥室内的湿度。回风机在干燥室达到设定温度后进行高速挡余热回收,若干燥室内温度高于设定值,回风机将切换为低速挡。通过变频器控制轴流风机的风速,间接控制干燥室内的风速。当电子天平反馈回的数据经过计算达到安全含水率之后,PLC 发送停止指令,此时系统停止工作。系统自动控制模式的工作流程见图 6-15。

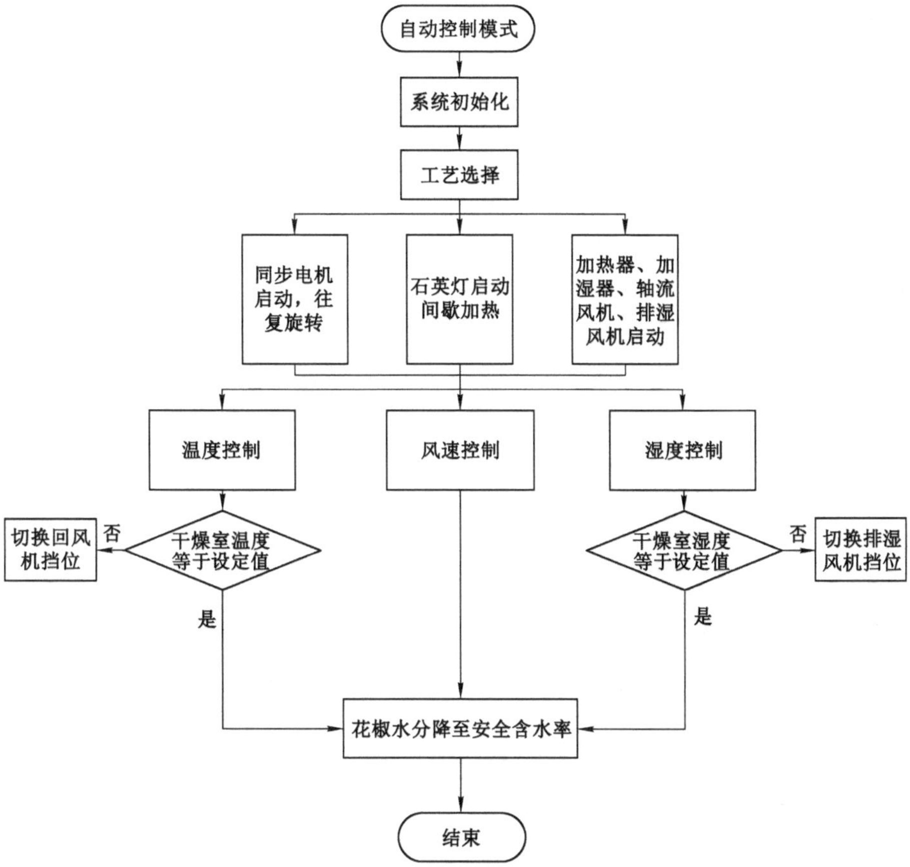

图 6-15　自动控制模式流程图

6.6　干燥系统模糊 PID 软件设计与仿真

大红袍花椒干燥系统是一个复杂的多输入、输出系统，具有时变性、大滞后和非线性等特性。干燥系统中，干燥空气的温度和湿度对物料干燥品质有重要影响，风速对花椒水分的蒸发与干燥速率的大小有着重要作用。所以温度、湿度和风速的相互耦合，并进行独立控制，对于此次设计的大红袍花椒干燥系统至关重要。

电极式加湿器主板含有模拟量输入模块，根据设定的加湿量，按 4～20 mA 被控运行，模糊 PID 算法可通过 PLC 的模拟量输出模块进行控制。同时，模拟量输出模块通过控制变频器的频率，控制风机转速，达到控制风速的目的。

借助 Simulink 仿真工具构建针对大红袍花椒干燥工艺的模糊 PID 控制器模型，并设立常规 PID 控制器与模糊控制算法模型作为对照，通过将仿真结果输出至工作窗口，并以图形方式对数据进行对比分析。

6.6.1　模糊 PID 控制系统设计

启动 MATLAB 应用程序后，在其内置的命令行界面键入“Fuzzy”指令，此时会开启

"Fuzzy Logic Designer"界面，进行模糊逻辑设计。该界面默认的是一款一维、单输入单输出的模糊控制器，并采用了经典的 Mamdani 型模糊推理体系结构。然而，鉴于本章所设计的控制器为二维、具有两输入三输出特性的模糊 PID 控制器，采取以下步骤进行配置：点击编辑器右上角的"Edit"按钮，进入编辑模式，在编辑选项中找到并选择"Add Variable"功能，借此添加所需的输入输出变量数量，以适配所设计的二维、两输入三输出结构。完成上述操作后，将得到符合要求的初始模糊 PID 控制器编辑界面，其具体形态如图 6-16 所示。

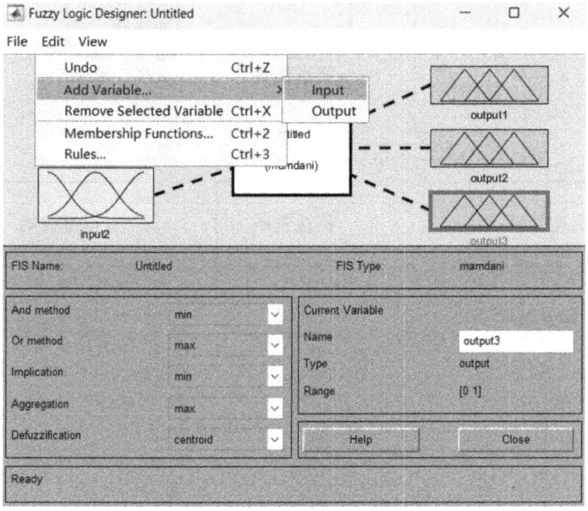

图 6-16 初始模糊 PID 控制器编辑界面

输入变量 e(系统输入与输出的差值)与 ec(系统输入与输出的差值对时间的导数)的隶属度函数曲线页面如图 6-17 所示。

输出变量 K_p(比例增益)、K_i(积分增益)、K_d(微分增益)的隶属度函数曲线页面如图 6-18 所示。

在"Name"字段内输入所要赋予模块的独特名称后，通过双击编辑器内的任一输入或输

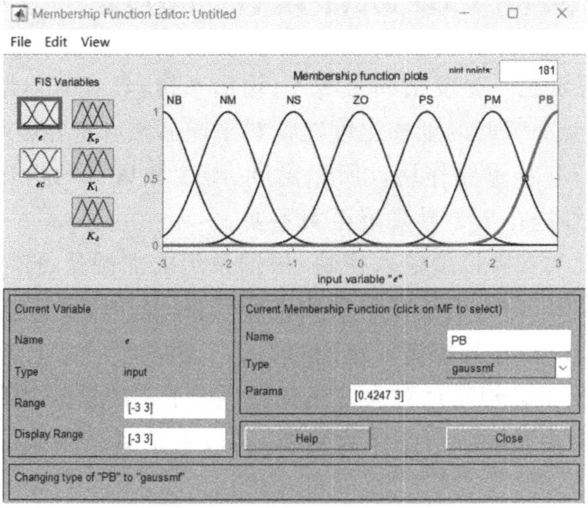

(a) 输入变量 e 的隶属度函数曲线页面

图 6-17 输入变量 e 和 ec 的隶属度函数曲线页面

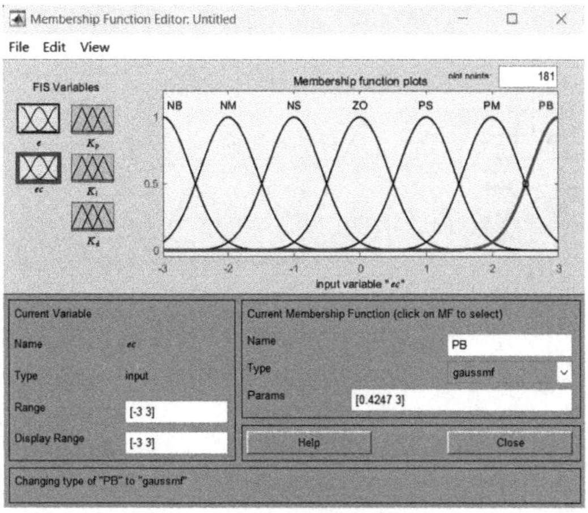

(b) 输入变量ec的隶属度函数曲线页面

图 6-17 （续）

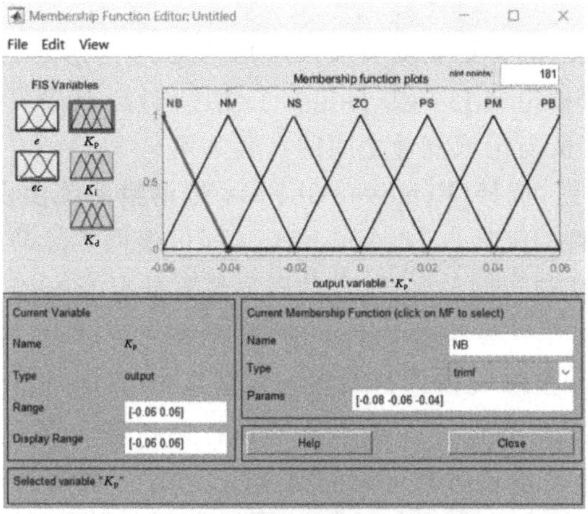

(a) 输出变量K_p的隶属度函数曲线页面

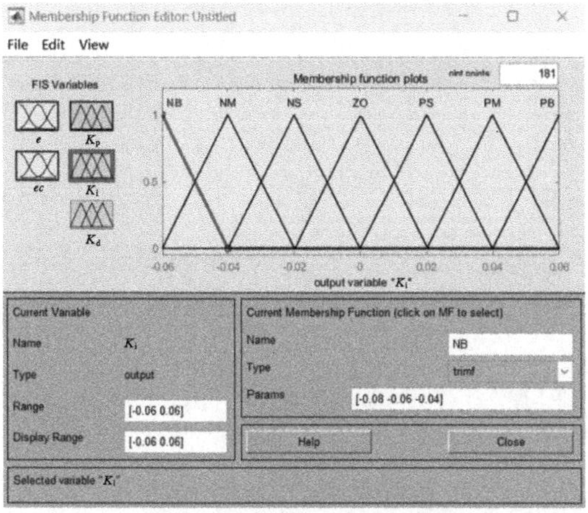

(b) 输出变量K_i的隶属度函数曲线页面

图 6-18 输出变量 K_p、K_i、K_d的隶属度函数曲线页面

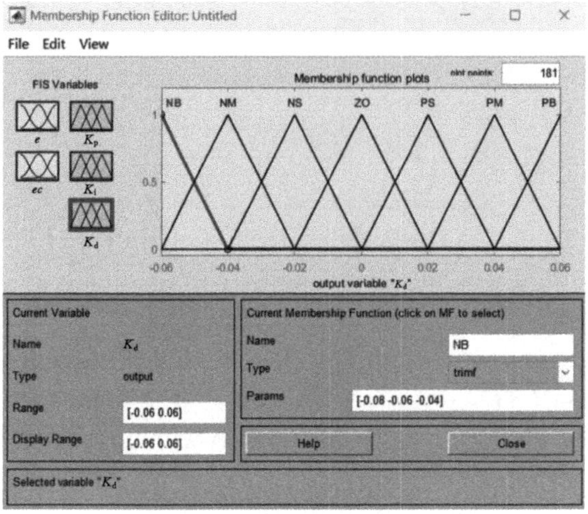

(c) 输出变量K_d的隶属度函数曲线页面

图 6-18 （续）

出模块，即可进入对应模块的详细编辑页面。在此界面下，为模块定义清晰易懂的语言值标签，明确模块所对应的模糊论域上下限，界定其工作区间，选取适用于该模块特性的隶属度函数，以精确描述各语言值与论域变量之间的隶属关系。

接着，点击“Edit”按钮，选择“Remove All FMs”以清空系统预设的语言值数目，从而为后续自定义配置创造条件。随后点击“Add FMs”，即可根据实际需求添加任意数量的语言值。考虑到系统运行效率与控制效果，选定的语言值数量为 7，并按照前文所述原则对相关参数进行逐一设定。

对控制器的核心部分控制规则进行编辑。只需点击“Edit”按钮并选择“Rule”选项，即可进入模糊规则的专属编辑界面。根据本章所设计的模糊论域理论架构，需要设定共计 7×7 条控制规则，以完备地覆盖所有可能的输入组合情况，确保控制器能够依据不同的模糊输入状态，准确推导出相应的模糊输出动作，模糊 PID 控制规则编辑页面如图 6-19 所示。

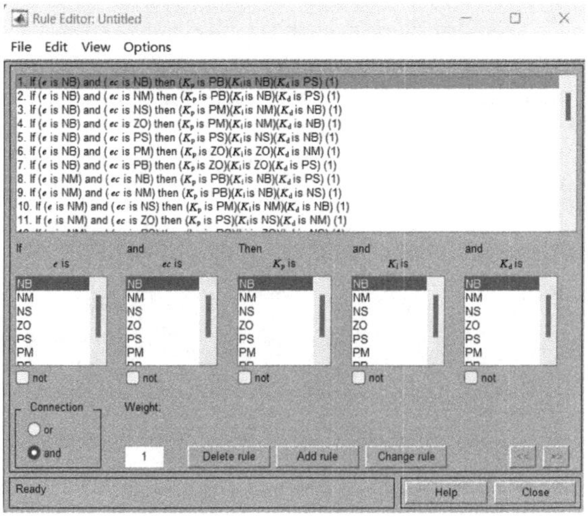

图 6-19 模糊 PID 控制规则编辑页面

此编辑页面不仅支持对已有的模糊规则进行灵活的修改、删除与新增操作，而且操作简便，响应迅速。若要直观呈现模糊规则对控制器整定参数的影响，可点击规则编辑器界面内的“View”按钮，并选择“Surface”选项，系统将切换至三维视图模式。在此模式下，用户能清晰地观察到在所设定的模糊规则体系下，输入变量 e、ec 与控制器三个整定参数 ΔK_p、ΔK_i、ΔK_d之间的三维空间关系，立体关联的具体图形如图 6-20 所示。

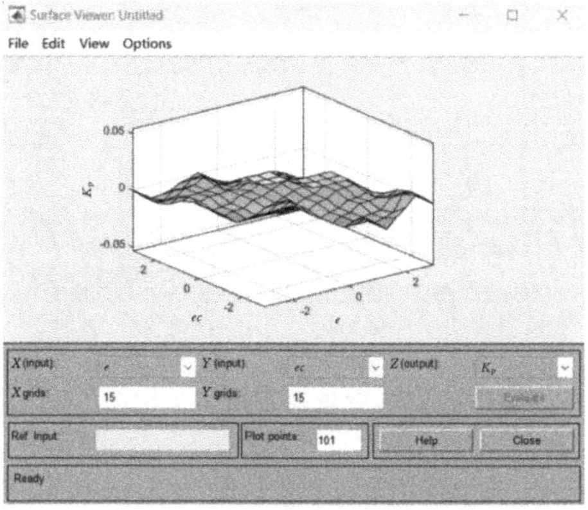

(a) e、ec 与ΔK_p的三维关系图

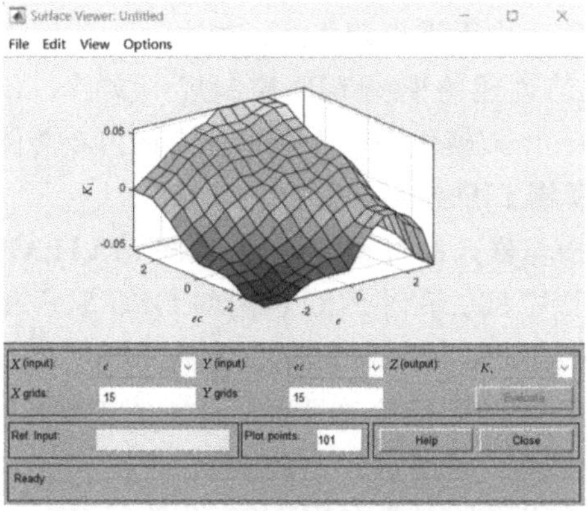

(b) e、ec 与ΔK_i的三维关系图

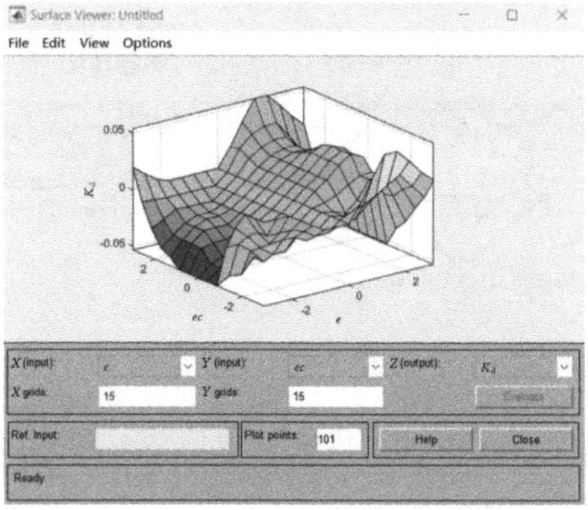

(c) e、ec 与ΔK_d的三维关系图

图 6-20　e、ec 分别与 ΔK_p、ΔK_i、ΔK_d的三维关系图

各变量动态变化情况的示意图如图 6-21 所示。

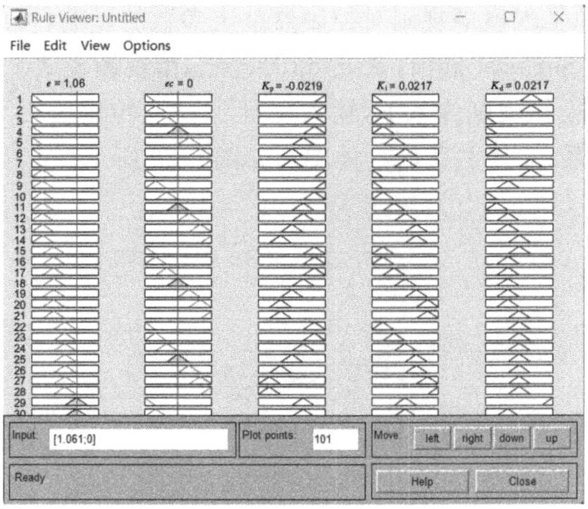

图 6-21　变量动态展示页面图

待所有设定工作均已完成，点击“File”按钮下的“Export”选项，并选择“To File”将文件保存。建议设置保存路径与所建模型路径相同，以便于管理。另外，也可选择直接输出至“Workspace”，这样在后续使用中无需再调用.fis 文件。

完成上述步骤后，将先前创建的模糊 PID 控制规则文件(.fis 格式)导入至工作空间。接着，在“Fuzzy Logic Controller”模块中输入该已保存的.fis 文件名，最后点击“Run”按钮，整个模型便能按照设定的模糊 PID 控制规则顺利运行。

6.6.2　基于 OPC(对象链接与嵌入的过程控制)协议的 MATLAB 与 PLC 通信

PC Access 软件是针对 S7-200 系列 PLC 定制的 OPC Server 软件，其核心功能在于向任何遵循 OPC 协议的客户端提供与 S7-200 PLC 相关的数据信息。该软件自带 OPC 客户端测试工具，用户可轻松利用此功能检验项目通信设置的正确性。

若配置与通信无误，测试客户端将显示出数据值，并在“Quality”栏目中标注为“好”；反之，若存在问题，则该栏目将显示为“坏”，如图 6-22 所示。

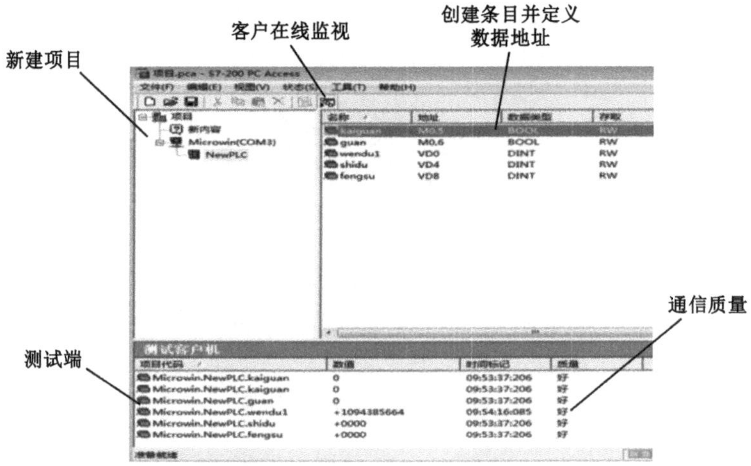

图 6-22　基于 OPC 协议的 PC Access 软件通信状态窗口图

在完成好 PLC 的编程软件与 PC Access 的调试之后，在 MATLAB 环境中，首先在命令窗口键入“opctool”以启动 OPC 工具箱，以便对 OPC 连接进行配置。在此过程中，将 MATLAB 自身设定为本地服务器角色，并将“S7200. opcserver”添加为所要连接的客户端。接着，点击“Connect”按钮，建立与指定 OPC 服务器的连接。连接成功后，开始在客户端界面内创建一个新的组。在该组内部，依次添加所需的对象。在 PLC 配置阶段已定义的所有变量，均有序排列于添加对象对话框的左侧列表中。通过选中相应的变量，点击“Add”按钮，即可将这些变量从 PLC 引入到 MATLAB 的工作环境中。

按照前述操作，创建第二个组，将 PLC 中尚未分配的剩余变量逐一添加至该新组内。为了验证与 PLC 连接的有效性，向其模拟量输入端施加一个电信号。在 PLC 编程软件的 PLC 配置视图中，可以观察到当模拟量输入端接收到该信号后，其对应的整型值已实时更新。与此同时，在 MATLAB 的 OPC 工具箱中，选择之前导入并与模拟量输入相关的变量，会发现该变量显示出一个整型数值，且这个数值与 PLC 配置界面中模拟量端口所显示的整型值完全吻合，证明了 MATLAB 与 PLC 之间的 OPC 通信已成功建立，并且两者之间的数据同步精准无误。

在 MATLAB 的 Simulink 环境中，对之前通过 OPC 工具箱导入的 PLC 变量进行实时监控，并将这些模拟量数据传输至 PLC 的模拟量输出端。操作步骤如下：

(1) 配置 Simulink 模型：在 Simulink 工作区中，依次添加“OPC Configuration”“OPC Read”以及“OPC Write”三个模块，以实现与 PLC 的 OPC 通信。针对每个模块进行相应的参数设置。在“OPC Read”模块中指定读写对象，在“OPC Write”模块中，则将变量“OUT PUT”设定为待写入 PLC 的对象。完成配置后，PLC 的这两个变量名会清晰地出现在 Simulink 模型中的“OPC Read”和“OPC Write”模块中。

(2) 建立数据流：将“OPC Read”模块的输出端口（通常标记为 V）与“OPC Write”模块的输入端口连接，以确保读取到的 PLC 变量数据能直接传递给写入模块。在两者之间的数据通路上插入一个“Scope”模块，用于实时可视化展示从 PLC 读取的数据。

(3) 启动仿真与观测：设置完成后，启动 Simulink 仿真。双击打开“Scope”窗口，随着仿真的进行，时间轴上将实时描绘出从 PLC 读取的模拟量数据变化情况。此时，如果在 PLC 的模拟量输入端手动调整电压值，观察到“Scope”中的数据显示也会随之即时更新，精确反映出外部输入信号的变化。这一现象验证了 Simulink 模型通过 OPC 接口与 PLC 之间实现了数据的实时读取与监测功能。

6.6.3 干燥系统模糊 PID 仿真

(1) 模糊 PID 仿真模型

利用 Simulink 仿真时，习惯利用函数作为系统控制模型。在干燥控制系统设计中，通过电流对加热器内的翅片加热，改变电流的大小来改变加热温度，同样，风速改变是通过变频器的频率来实现的，可以看作一阶惯性系统来描述，传递函数为[118]：

$$G_{\mathrm{T(A)}}(s)=\frac{K}{(ts+1)}\mathrm{e}^{-\tau s} \tag{6-1}$$

式中 $G_{\mathrm{T(A)}}(s)$——执行机构温度（风速）传递函数；

K——增益；

t——积分时间常数，s；

s——频域复变量；

τ——纯滞后时间，s。

加湿量通过加热水产生蒸汽，本身是一个比较复杂的控制系统，可看作二阶惯性系统来描述，传递函数表示为[119]：

$$G_H(s) = \frac{K}{(t_1 s + 1)(t_2 s + 1)} e^{-\tau s} \tag{6-2}$$

式中 $G_H(s)$——执行机构湿度传递函数；

t_1, t_2——积分时间常数，s。

通过不断调试得到干燥室温度、风速和湿度的近似模型如下[120]：

$$G_T(s) = \frac{2.75}{430.4s + 1} e^{-170s} \tag{6-3}$$

$$G_A(s) = \frac{3.51}{262.4s + 1} e^{-137s} \tag{6-4}$$

$$G_H(s) = \frac{-0.01s + 1.62}{s^2} e^{-0.02s} \tag{6-5}$$

根据所建立模型，运行 MATLAB 内的 Simulink 模块，对温度、风速和湿度进行仿真。

在 Simulink 环境中，使用“Scope”模块来记录并比较传统 PID 控制器和模糊 PID 控制器对同一阶跃信号的跟踪响应，以便评估两者在控制性能上的差异。具体操作及设定如下：

① 构建控制仿真模型：在 Simulink 模块中引入一个阶跃信号源，其输出量作为被控对象的目标设定值。该阶跃信号随后将被输入传统的 PID 控制器和模糊 PID 控制器进行处理。

② 设定 PID 控制器参数：根据控制仿真经验，将传统 PID 控制器的参数初始设定为 $K_p = 200$，$K_i = 0.5$，$K_d = 75$。

③ 响应对比与性能评估：通过对比“Scope”中呈现的目标值曲线、传统 PID 控制曲线和模糊 PID 控制曲线三条曲线，可以直观地分析和评价两种 PID 控制器的控制响应时间（如上升时间、超调量、调节时间等）以及整体控制效果（如稳态误差、跟随精度等）。重点关注二者在应对阶跃信号变化时的动态特性差异，以及在稳定状态下的控制精度区别，从而为选择或优化适用的控制策略提供依据。

（2）仿真响应曲线

在温度控制过程中，模糊 PID 控制相较于传统 PID 控制在瞬态响应特性上展现出显著优势，但存在超调量，传统 PID 控制的超调量为 12.53%，达到稳态的时间为 6.3 s；模糊 PID 控制的超调量为 6.14%，达到稳态的时间为 2.3 s，模糊 PID 控制显示出较短的过渡时间，体现出其在面对系统参数变化或扰动时，能够更快地恢复到稳定状态。模糊 PID 控制在控制过程的暂态和稳态阶段均展现出优于传统 PID 控制的性能，表现为更快的响应速度、更短的过渡时间、更小的超调量以及更稳定的输出表现，从而证实了其在控制系统中的优越性。加热器温度控制过程传统 PID 和模糊 PID 控制的跟踪响应曲线如图 6-23 所示。

轴流风机风速控制过程传统 PID 控制和模糊 PID 控制的跟踪响应曲线如图 6-24 所示。由图可知，传统 PID 控制的超调量为 28.23%，达到稳态的时间为 6.8 s；模糊 PID 控制的超调量为 6.52%，达到稳态的时间为 2.1 s。模糊 PID 控制超调量较小，稳态性能更

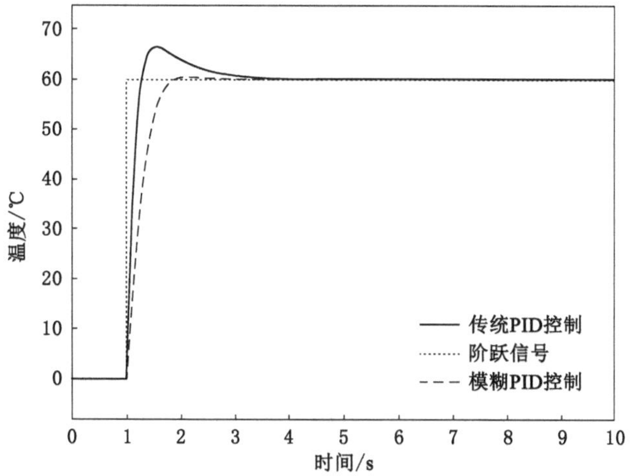

图 6-23　加热器温度控制过程仿真响应曲线图

优越，其输出值与设定值之间的偏差较小，相较于传统 PID 控制更能精确地维持在目标值附近。

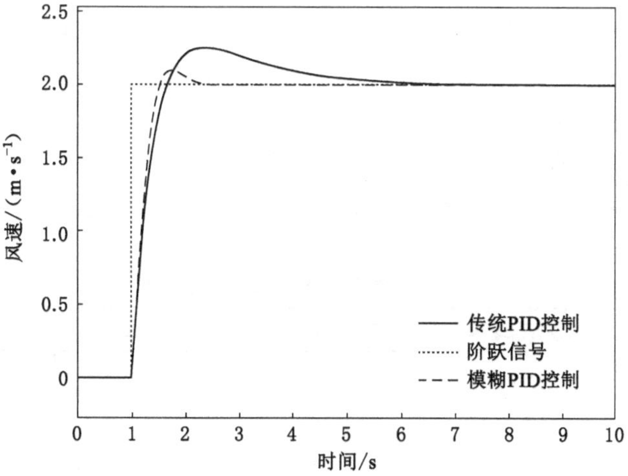

图 6-24　轴流风机风速控制过程仿真响应曲线图

加湿器湿度控制过程传统 PID 控制和模糊 PID 控制的跟踪响应曲线如图 6-25 所示。由图可知，由于控湿难度的增加，两种控制器都出现了较大的超调量，传统 PID 控制的超调量为 38.52%，达到稳态的时间为 8.8 s；模糊 PID 控制的超调量为 15.12%，达到稳态的时间为 2.9 s，模糊 PID 控制的响应曲线在稳态期间波动幅度明显减小，整体呈现出更平稳的态势，表示系统在长时间运行控制过程中，输出值的波动更小，控制效果更为平滑。随着仿真时间的推移，模糊 PID 控制的响应曲线愈发平稳，波动程度进一步减小，整体响应特性呈现出更为理想的平滑过渡。

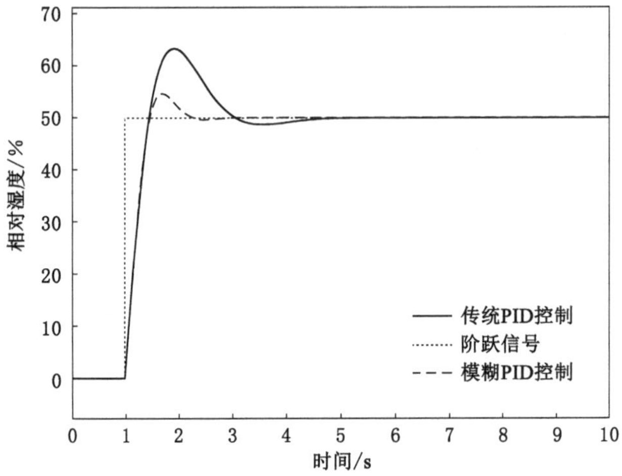

图 6-25 加湿器湿度控制过程仿真响应曲线图

6.7 大红袍花椒热风-红外联合干燥试验

完成了系统模糊 PID 控制器的设计和仿真后，需要检验各个模块的相互协同能力，得到控制系统的实际作用效果，在节能、高效和智能化的前提下实现干制大红袍花椒的良好品质。试验时，选取大红袍花椒质量均为 100 g，石英灯的红外功率均为 400 W。控制的难点在于系统在短时间内的迅速响应和温度、湿度、风速的保持，通过模糊 PID 控制算法的引入，很好地解决了这些问题，使干燥效果更加良好。三种干燥工艺的试验参数见表 6-6。

表 6-6 三种干燥工艺的试验参数表

干燥工艺	热风温度/℃	热风相对湿度/%	阶段控湿时间/min	风速/($m \cdot s^{-1}$)
工艺一	60	50	10	1.5
		30	20	
		10	至干燥结束	
工艺二	60	50	10	2.0
		30	20	
		10	至干燥结束	
工艺三	70	50	10	2.0
		30	20	
		10	至干燥结束	

6.7.1 湿度控制效果

通过对干燥后的大红袍花椒的色泽和感观进行评价，得出采用干燥工艺二处理的花椒优于其他两种工艺的。工艺二下的干燥室内阶段控湿效果如图 6-26 所示。由图可知，干燥室内的相对湿度从 13%升至 50%耗时 7 min，这是因为电极式加湿器在启动的前期需要对储水桶内的水加热到产生蒸汽，当干燥室内相对湿度达到 50%时，花费了大量时间；保持 10 min 后，相对湿度迅速下降至 30%并保持 20 min，说明设备的反馈速度快，最后以 10%的湿度持续至试验结束，平均误差不超过±0.7%。由图可见，控湿效果作用明显且迅速，湿度保持良好，精度较高，湿度的动态平衡保持效果良好，尤其是第三阶段在 10%的相对湿度条件下，保持了较长时间，说明了在 PLC 控制下的各级模块有效地配合系统完成精确输出，并且模糊 PID 算法具有较高的精确性。

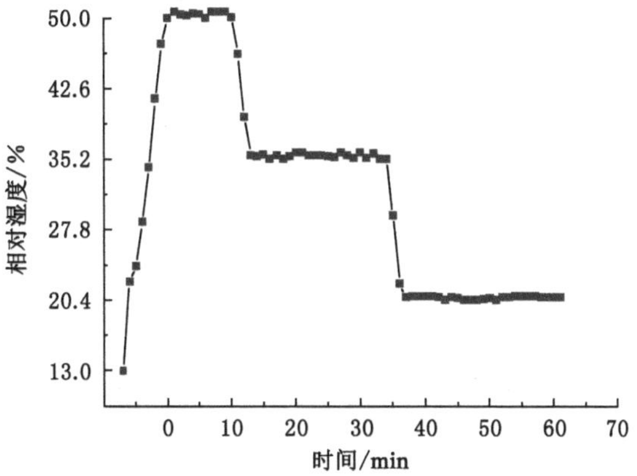

图 6-26　干燥室内湿度控制效果图

6.7.2　温度控制效果

工艺二下的干燥室内温度控制效果如图 6-27 所示。由图可知，干燥室内的温度从 0 ℃到 60 ℃仅用了 4 min，设备的响应速度非常快，但是在接下来的 30 s 内温度超过 60 ℃，最高达到 61.4 ℃，这是因为系统前期为了快速响应，自动将功率调至最大，当系统快要接近目标温度时，再进行调控出现了超调量。30 s 过后，温度能稳定在 60 ℃左右，平均误差不超过±0.04 ℃。说明该系统能精确地控制复杂干燥过程的温度，具有较高的精确性。

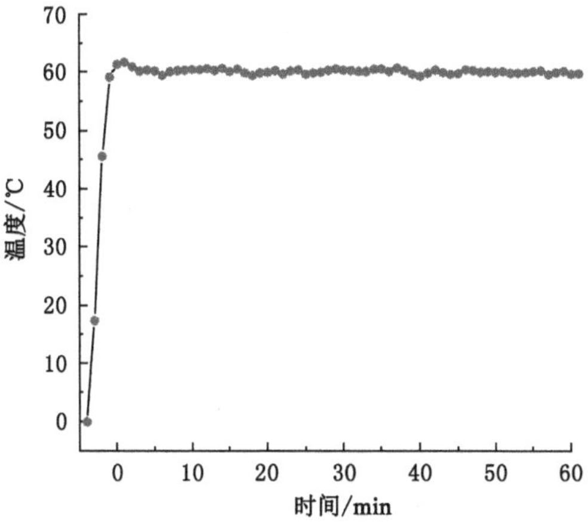

图 6-27　干燥室内温度控制效果图

6.7.3 风速控制效果

工艺二下的干燥室内风速控制效果如图 6-28 所示。由图可知，前期的风速和温度类似，具有超调量，但是在较短时间内系统能将风速稳定下来。但是在整个过程中，风速出现了较大的波动情况，是因为回风机定时进行预热回收，将热风回收至通风管道中，影响了风速，但系统能够及时调控风速，风速能稳定在 2.0 m/s 左右，平均误差不超过±0.05 m/s。

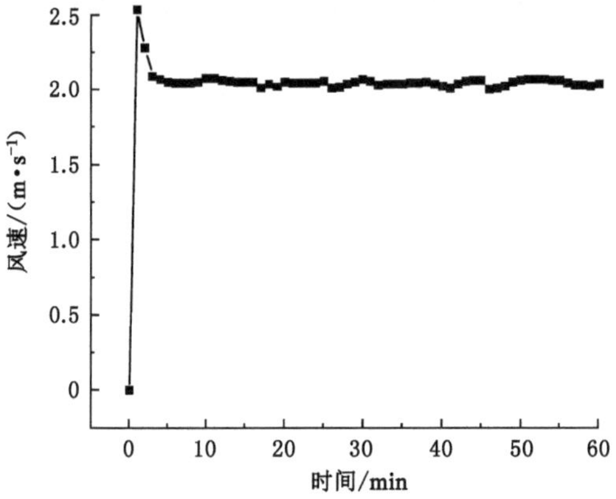

图 6-28 干燥室内风速控制效果图

7 花椒多孔干燥试验与气流组织优化模拟

7.1 实仓干燥试验

7.1.1 热泵干燥箱试验台搭建

空气能热泵箱式烘干机主要由热泵主机、箱内循环系统和智能控制系统三部分组成，热泵主机主要有蒸发器、节流阀、压缩机和冷凝器，其中热泵主机的蒸发器前端还设有除湿换热器，降低从干燥室内回收的高温高湿空气湿度，降低蒸发器损耗。箱内循环系统主要依靠风机对烘干室输送风量，干燥层数为 19，风口布置为侧送侧回，整个干燥箱结构见图 7-1，其中矩形风口尺寸为 12 mm×7 mm，圆形风口直径为 18 mm，可干燥物料 150 kg。

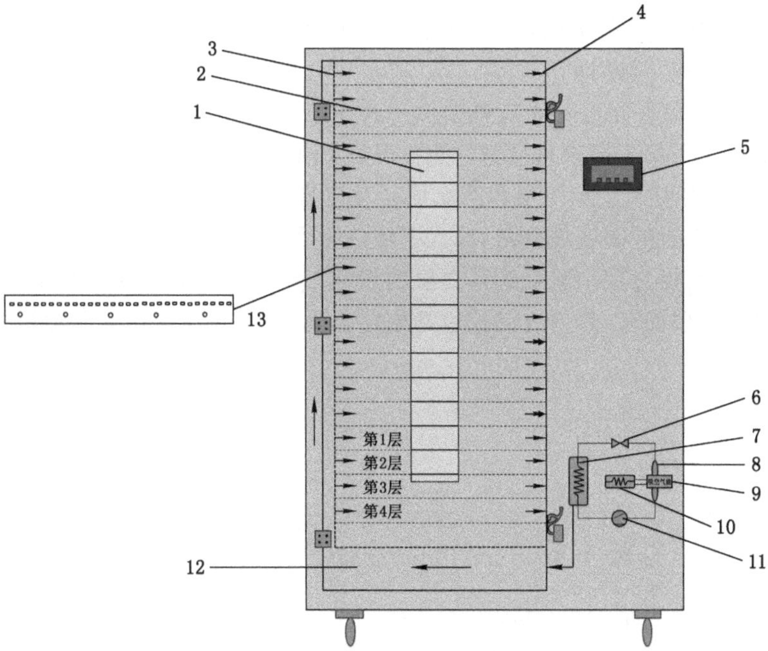

(a) 智能控制空气能热泵干燥箱示意图

1—玻璃窗；2—物料盘；3—进风口；4—回风口；5—触摸控制屏；6—节流阀；7—冷凝器；8—风机；9—蒸发器；10—除湿换热器；11—压缩机；12—风道；13—风口形式。

图 7-1 智能控制空气能热泵干燥箱结构与实物图

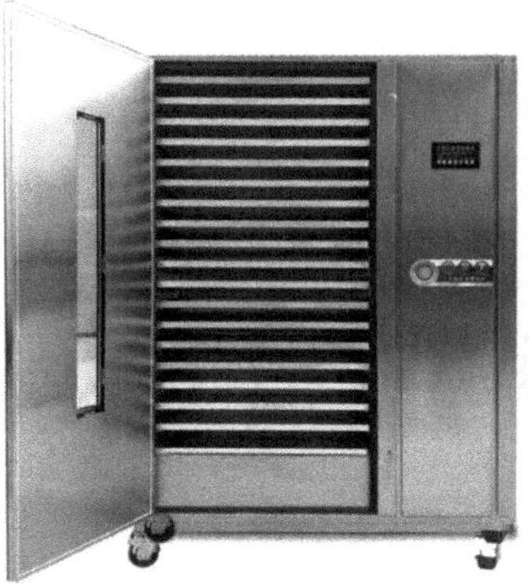

型号	1.5P箱式一体热泵烘干机
温度调节(℃)	18～80
湿度调节(%)	5-99
功能模式	开式/闭式/恒温/降温
物料盘层数	19
平均去水量(L)/h	4.5
烘箱容量(mm)	720×700×1 810
托盘尺寸(mm)	710×680×20
接水盘数量	1
可放物料(斤)	150-250
主机额定输入功率	1 910 W
额定输入电流	9.6 A
额定电压/频率	220 V/50 Hz
防触电保护类别	I类
应急辅热输入功率 (KW)	2
应急辅热电流 (A)	9
最大输入功率	2 590 W
最大输入电流	13.7 A
排气侧最大工作压力	3.0 MPa
吸气侧最大工作压力	0.7 MPa
噪声	≤68 dB(A)
工作环境	-10-40 ℃
主机质量	206 kg
外形尺寸(mm)	1 270×760×1 850

(b) 智能控制小试装置内部构造与参数

图 7-1 (续)

整个烘干系统的运行控制在控制器上完成操作，根据各物料干燥条件的差异，可自行设置所需温湿度及干燥时间。考虑多层干燥所需花椒量较大，本次试验干燥层位置为从下至上 1～4 层，为保证后续数值模拟与试验的误差，本试验对干燥箱其他层的风口进行了封堵。

7.1.2 干燥水分比与干燥速率变化分析

图 7-2 为干燥温度 60 ℃，风速 3 m/s 下各花椒层的水分比随时间变化曲线图。由图可知，第 1 至第 4 层各层干燥时间分别为 315、420、450、465 min，对应含水率均保持在安全含水率 11%左右，且各层水分比下降趋势相似。其中第 1 层花椒层干燥时间最短，第 4 层干燥时间最长，这是由于第 1 层物料接触的热空气面积最大，受下层物料散湿干扰最少，而第 2 层和第 3 层属于中间层，受第 1 层和第 4 层以及自身水分散失的影响最大，水分散失至热空气中使其湿度增大且空间区域受限，增大了传热阻力，使其干燥时间加长。从送风口角度来说，第 1～3 层的干燥过程中除受到各自层的热空气作用外，其他层也能对其起到一定的传热作用，而对第 4 层而言，热空气仅掠过花椒层上表面，下表面无热空气对其进行加热，因此干燥时间最长。

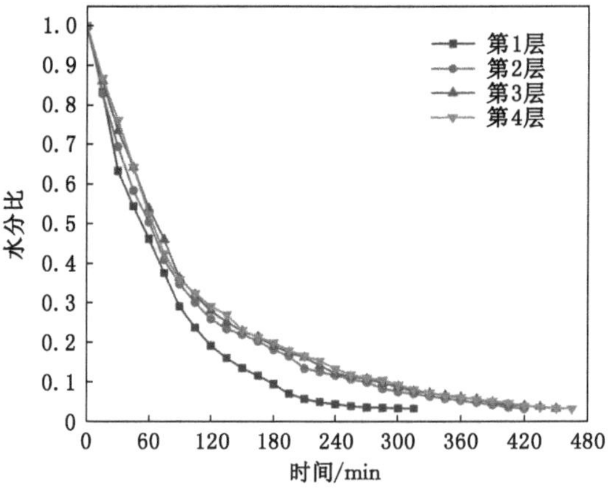

图 7-2 热泵干燥各层水分比随时间变化曲线

图 7-3 为干燥温度 60 ℃，风速 3 m/s 下各花椒层的干燥速率随时间变化的曲线图。由图可知，此干燥方式分为两个干燥阶段，干燥升速阶段和干燥降速阶段。花椒在各层均先较快地达到最大干燥速率，之后一直处于下降趋势，这是由于干燥初期花椒含水率较高，热空气以强制对流的干燥方式输送至物料盘内的花椒薄层表面，此时附着于薄层外表面的自由水被脱除，所以干燥速率较快地达到最大值。随着干燥的进行，表面自由水减少，其内部较难脱除的结合水扩散阻力较大，使干燥速率降低且逐渐趋于平缓。

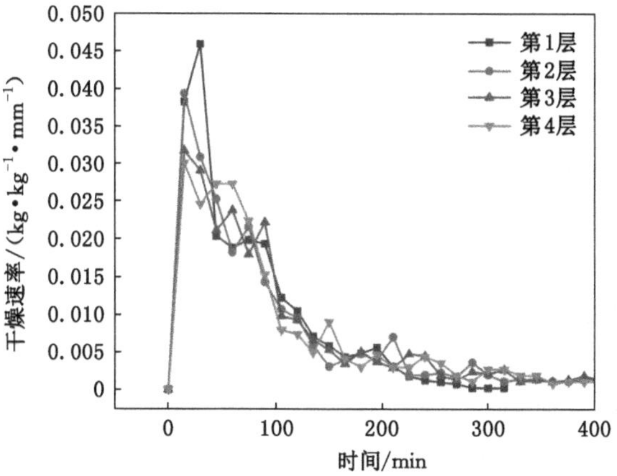

图 7-3　热泵干燥各层干燥速率随时间变化曲线

7.1.3　干燥箱流场数值模拟与验证

为研究干燥箱内气流组织分布情况，本小节基于上述花椒薄层多孔干燥试验，建立干燥箱物理模型与非稳态数值模型，计算干燥箱内流场变化，基本假设如下：

① 物料层为花椒颗粒固体堆积而成的骨架结构，内部存在孔隙且流体能够流过，为具有各向同性均匀的多孔介质模型；

② 干燥介质为不可压缩的理想气体；

③ 花椒物料层为局部非热平衡；

④ 忽略多孔介质与空气之间和多孔介质之间的辐射传热；

⑤ 干燥箱模型壁面为绝热壁面。

7.1.3.1　数学模型

(1) 质量守恒方程

质量守恒方程表达式为[17]：

$$\frac{\partial \rho_a}{\partial t}+\frac{\partial(\rho_a v_x)}{\partial x}+\frac{\partial(\rho_a v_y)}{\partial y}+\frac{\partial(\rho_a v_z)}{\partial z}=0 \tag{7-1}$$

式中　ρ_a——空气密度，kg/m^3；

t——干燥时间，s；

v_x, v_y, v_z——风速 v 的 x、y、z 方向的速度分量，m/s。

(2) 能量方程

当区域内气体流动时，流体和固体之间存在一定温差，需要借助局部非热平衡模型，此时能量方程为流体能量方程和固体能量方程，表达式如下[90]：

$$\varepsilon\rho_a c_a(\frac{\partial T_a}{\partial t} + v \cdot \nabla T_a) = \varepsilon\lambda_a \cdot \nabla^2 T_a - h_t A_t(T_a - T_s) - m_{evap} h_v \tag{7-2}$$

$$(1-\varepsilon)(\rho_s c_s + \rho_w c_w M)\frac{\partial T_s}{\partial t} = (1-\varepsilon)k_{eff} \cdot \nabla^2 T_s + h_t A_t(T_a - T_s) + m_{evap} h_v \tag{7-3}$$

式中 ε——流体相体积分数(孔隙率);

ρ_a,ρ_w——流体和液态水的密度,kg/m^3;

c_a,c_s,c_w——流体、花椒和液态水的比热容,$J/(kg \cdot K)$;

T_a,T_s——流体和花椒的温度,K;

∇——那勃勒算子;

∇^2——拉普拉斯算子;

λ_a——流体导热系数,$W/(m \cdot K)$;

h_t——体传热系数,$W/(m^3 \cdot K)$;

A_t——接触面积,m^2;

m_{evap}——蒸发速率,$kg/(m^2 \cdot s)$;

h_v——水的蒸发潜热,J/kg;

ρ_s——花椒密度,其值为 762 kg/cm^3;

M——花椒干基含水率,kg/kg;

k_{eff}——有效导热系数(含固体和水分贡献),$W/(m \cdot K)$。

(3) 动量方程

控制体动量随时间的变化率等于作用在控制体的力,表达式如下[121]:

$$\frac{\partial}{\partial t}(\rho_a v_x) + \text{div}(\rho_a v_x v) = -\frac{\partial P}{\partial x} + \text{div}(\mu \text{grad } v_x) + \rho_a g_x + S_{v_x} \tag{7-4}$$

$$\frac{\partial}{\partial t}(\rho_a v_y) + \text{div}(\rho_a v_y v) = -\frac{\partial P}{\partial y} + \text{div}(\mu \text{grad } v_y) + \rho_a g_y + S_{v_y} \tag{7-5}$$

$$\frac{\partial}{\partial t}(\rho_a v_z) + \text{div}(\rho_a v_z v) = -\frac{\partial P}{\partial z} + \text{div}(\mu \text{grad} v_z) + \rho_a g_z + S_{v_z} \tag{7-6}$$

式中 P——流体的静压,Pa;

μ——空气黏度,$kg/(m \cdot s)$;

g_x,g_y,g_z——x、y、z 方向上的单位体积作用力,m/s^2;

S_{v_x},S_{v_y},S_{v_z}——动量方程的阻力源项,N/m^3。

(4) 水分输运方程

在多孔介质区域中,其水分会随着干燥介质的流动被带出控制体,因此引入水分输运方程,表达式如下[90]:

$$\varepsilon\rho_a \frac{\partial w_a}{\partial t} + \varepsilon\rho_a v \cdot \nabla w_a = \nabla(\varepsilon\rho_a D \nabla w_a) + S_w$$

其中水分源项 S_w 为:

$$S_w = -(1-\varepsilon)\rho_s \frac{\partial M}{\partial t} \tag{7-7}$$

$$\frac{\partial M}{\partial t} = \exp(-Nt)$$

式中 w_a——空气的干基含湿量,kg/kg;

N——花椒的干燥常数，其计算式为 $N = 4.217\exp(-2\ 106.04\ T_a^{-1})$；

D——水分扩散系数，m^2/s。

(5) 雷诺数和湍流强度

雷诺数是区别层流和湍流的无量纲参数，表示流体流动的状态。对于内部流动，通常认为雷诺数大于 2 300 为湍流，低于 2 300 为层流。其表达式为[122]：

$$Re = \rho_a \frac{vd_e}{\mu} \tag{7-8}$$

式中　Re——雷诺数；

μ——空气的动力黏度，Pa·s；

d_e——当量直径，m，当管道为非圆管时，用式(7-9)得出：

$$d_e = \frac{4A}{L} \tag{7-9}$$

式中　A——过流面积，m^2；

L——湿周长度，m。

在 Fluent 中设置边界条件时，需要选择湍流参数，见图 7-4，本研究工况为干燥箱内流体的流动，因此选取了"Intensity and Hydraulic Diameter"(湍流强度和水力直径)选项，其中湍流强度 I 的计算公式为[123]：

$$I = 0.16\ Re^{-\frac{1}{8}} \tag{7-10}$$

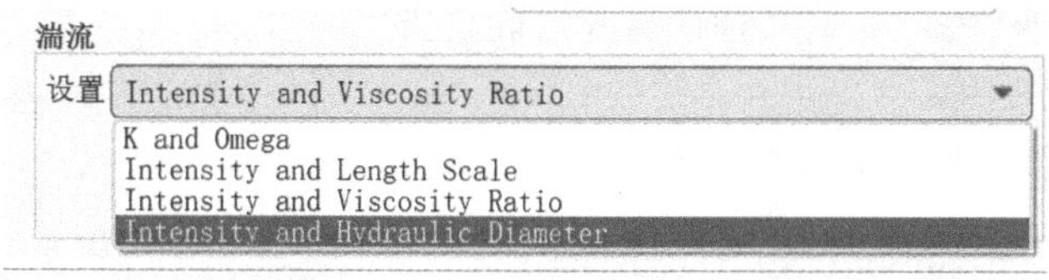

图 7-4　Fluent 边界条件湍流参数设置

(6) 湍流方程

当流速增加到一定程度，使流体流线出现摆动时会形成过渡流，当流速继续增加，流线不再清楚可辨，流场存在大量漩涡时，形成湍流。本例中计算的 Re 为 3 049，故以 RNG 标准湍流模型求解流场湍流问题[16]，表达式如下：

$$\frac{\partial(\rho_a k)}{\partial t} + \frac{\partial(\rho_a k v_i)}{\partial x_i} = \frac{\partial}{\partial x_i}\left[\left(\mu + \frac{\mu_t}{\sigma_k}\right)\frac{\partial k}{\partial x_i}\right] + G_k + G_b - \rho_a \varepsilon' - Y_M + S_k \tag{7-11}$$

$$\frac{\partial(\rho_a \varepsilon')}{\partial t} + \frac{\partial(\rho_a \varepsilon' v_i)}{\partial x_i} = \frac{\partial}{\partial x_i}\left[\left(\mu + \frac{\mu_t}{\sigma_{\varepsilon'}}\right)\frac{\partial \varepsilon'}{\partial x_i}\right] + C_{1\varepsilon'}\frac{\varepsilon'}{k}(G_k + C_{3\varepsilon'} G_b) - C_{2\varepsilon'}\rho_a\frac{(\varepsilon')^2}{k} + S_{\varepsilon'} \tag{7-12}$$

式中　k——湍动能，m^2/s^2；

μ_t——t 时刻流体的湍流黏度，kg/(m·s)；

G_k——由于平均速度梯度引起的湍动能 k 的产生项，$kg/(m·s^3)$；

G_b——由于浮力引起的湍动能 k 的产生项，m^2/s^2；

Y_M——可压湍流中脉动扩张的贡献，$kg/(m·s^3)$；

S_k——用户自定义源项，kg/(m·s³)；

$S_{\varepsilon'}$——用户首定义源项，kg/(m·s⁴)；

ε'——湍流耗散率，m²/s³；

v_i——流体的速度分量，m/s；

x_i——空间坐标的第 i 个分量，m；

$C_{1\varepsilon'}$，$C_{2\varepsilon'}$，$C_{3\varepsilon'}$，σ_k，$\sigma_{\varepsilon'}$——经验常数，分别取 0.09、1.44、1.92、1.00、1.30。

7.1.3.2　物理模型及参数设置

考虑计算性能、物料的损失及经济性等原因，对物理模型做了相应的简化，具体步骤为：

(1) 通过 SpaceClaim 软件绘制了干燥层为 4 层的流体域模型，并使用群组功能对进、出风口，多孔介质区域及壁面区域进行命名，见图 7-5。

(2) 将模型导入 Fluent Meshing 软件，自动划分为非结构蜂巢状网格体，并对进、出风口和多孔介质区域进行局部加密，网格数量为 1 009 110 个，网格质量为优秀，见图 7-6。

(3) 进入 Fluent 中的 Solution 模式进行求解，首先导入网格，求解器为压力基，时间设置为瞬态，在用户自定义中编译 UDF(用户自定义特征)，开启能量方程和 RNG 标准湍流模型。

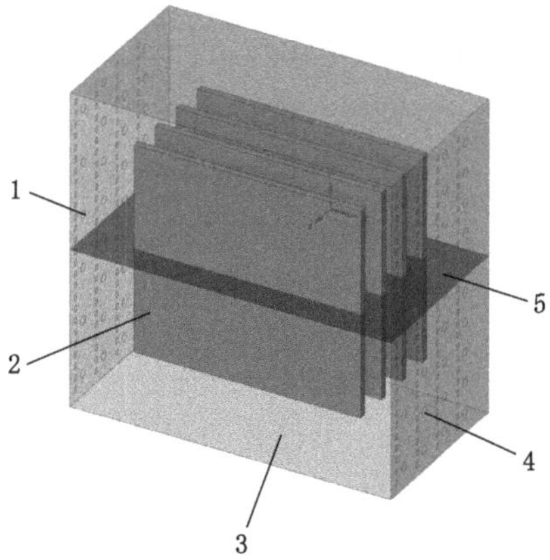

1—送风口；2—多孔介质区域；
3—壁面；4—出风口；
5—xz 中心截面。

图 7-5　干燥箱模型建立

(4) 设置初始条件和边界条件，当 $t=0$ 时，周围温度均为环境温度 293.15 K，花椒初始干基含水率为 3.44 kg/kg，入口边界条件为 velocity-inlet，设置风速为 3 m/s，并设置湍流强度和水力半径分别为 6% 和 0.02 m，温度为 333.15 K，空气的干基含湿量为 0.007 02 g/g；出口边界条件为 pressure-outlet；壁面为绝热壁面。

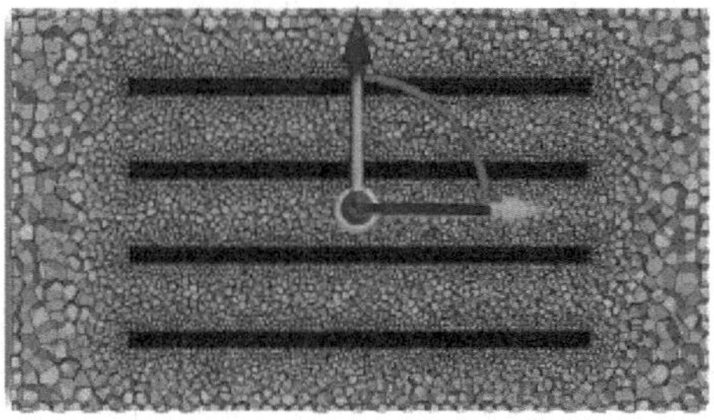

(a) 干燥箱网格剖面图

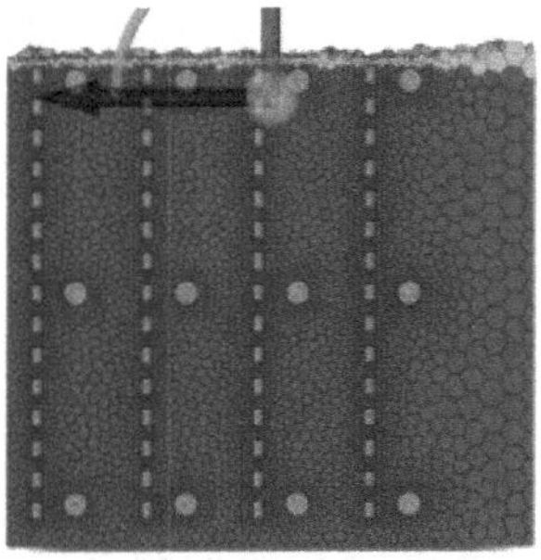

(b) 干燥箱进风口网格图

图 7-6　干燥箱网格划分

(5) 求解方法采用 Simple 算法，除梯度和压力外，其余离散方式均采用一阶迎风。时间步数为 28 800，时间步长为 1 s，即干燥时长为 8 h。

(6) 利用 CFD-Post 对干燥箱模型 xz 截面中心面布点，对应坐标分别为(−0.3，0，

0.315),(0,0,0.315),(0.3,0,0.315),(−0.3,0,0.235),(0,0,0.235),(0.3,0,0.235),(−0.3,0,0.155),(0,0,0.155),(0.3,0,0.155),(−0.3,0,0.075),(0,0,0.075),(0.3,0,0.075),依次按 1～12 进行编号。

(7) 计算模拟值与试验值的相对误差,计算公式为:

$$\delta_i = \left| \frac{I_i - E_i}{E_i} \right| \times 100\% \tag{7-13}$$

式中　δ_i——某个点模拟值与试验值的相对误差;

I_i——某个点的模拟值;

E_i——某个点的试验值。

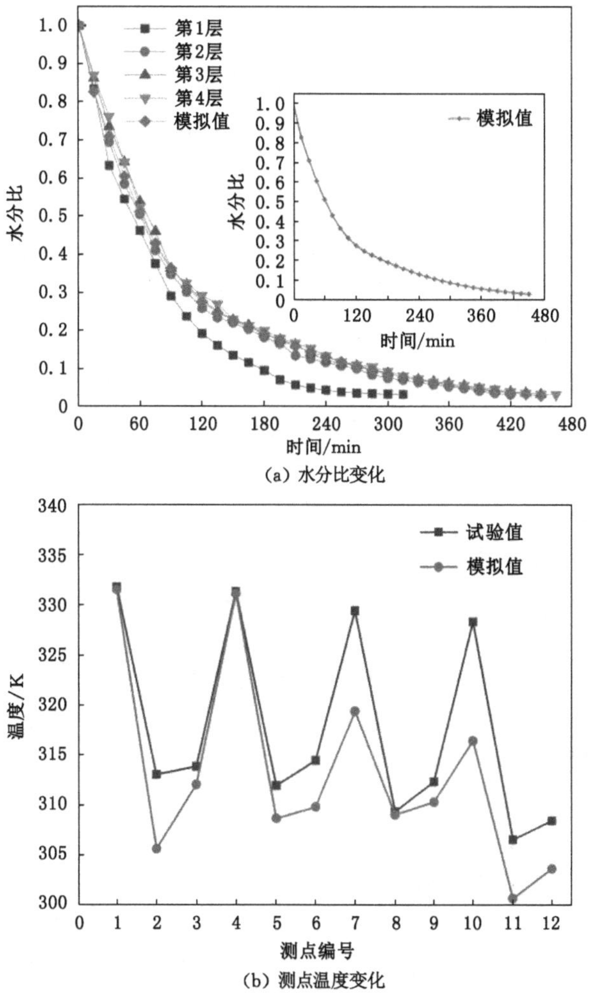

(a) 水分比变化

(b) 测点温度变化

图 7-7　花椒干燥模拟值与试验值对比

7.1.3.3　模拟结果与试验结果对比

干燥温度 60 ℃,干燥风速 3 m/s 工况条件下,水分比变化曲线模拟值与试验值对比如图 7-7(a)所示。在模拟过程中,将各花椒层多孔介质区域视为一个整体,因此生成了一条平均水分比变化曲线。由图可知，除第 1 层外，其余 3 层水分比变化曲线与模拟值几乎重合，其中模拟值水分含量降至安全含水率所用时间为 435 min。对第 1 层而言，其传热效果不受下层影响，干燥时间最短，下降趋势与模拟值有一定的相似性，均表现为前期水分下降快，后期趋于平缓，因此水分比曲线整体吻合度较高，除第 1 层外，其余 3 层误差范围在 11%以内。

图 7-7(b)为第 15 min 时各测点温度值与模拟值的对比图，由图可知，靠近送风侧的 1、4、7、10 编号的温度值相对较高，但由于气流的扰动以及物料层水分的扩散使干燥箱内空气在自上而下的垂直方向上呈递减状态。位于各层中间点位的 2、5、8、11 编号的温度值相对较低，这是因为这 4 个点位为花椒层温度，随着热空气掠过物料表面及颗粒之间的孔隙，花椒内部吸热升温，但干燥初期花椒内部含水量较大，水分扩散至物料及空气层交界面与之换热，使热空气温度降低。靠近出风口的 3、6、9、12 编号的温度值相较于中间点位出现略微升高的趋势，这可能是因为风压及风速的作用，使部分热空气平行掠过干燥层而未与之换热，快速流至此位置使温度出现升高。由式(7-13)可以得出，各点温度误差范围在 0.1%～3.77%之间，说明本研究所提出的模拟方法适用于模拟花椒的干燥过程。

7.2 气流组织

送风口和出风口的分布形式及风口数量是干燥箱内气流分布重要的影响因素。基于实验室内热泵干燥箱的结构及设备参数，本节设计了 5 种不同风口数量的干燥箱模型，利用 2022 版 Fluent 进行数值模拟，分析干燥温度场、风速场和水分场的变化特征，并通过点云功能对多孔介质区域进行布点，对比温度不均匀系数及风速不均匀系数，选择最优的干燥箱风口分布形式与风口数量。

7.2.1 干燥箱模型设计

实验室热泵干燥箱风量范围为 0.285～0.680 m^3/s，风口层数总计有 19 层，风速为 3 m/s 左右，因此风口面积可以由式(7-14)计算得出，计算式为：

$$A = \frac{Q_V}{v} \tag{7-14}$$

式中 A——送风口面积，m^2；

Q_V——干燥箱内送风口的体积流量，m^3/s；

v——送风风速，m/s。

取风量为 0.285 m^3/s，设计各层风口总面积为 0.005 m^2。

由于市面上干燥箱的风口以条缝为主，参考实验室干燥箱结构，考虑干燥箱每层风口面积及美观性，依次设定每层风口尺寸为 500.00 mm×10 mm、250.00 mm×10 mm、125.00 mm×10 mm、62.50 mm×10 mm、31.25 mm×10 mm，风口数量为 1、2、4、8、16 个的条缝风口。其次，以上一节实验室热泵干燥箱模拟过程为基础，利用 Fluent 软件分析干燥过程中多孔介质区域温度场、风速场及水分场的流场变化，并通过计算不均匀系数，对比风口数量对干燥箱内流场的影响，干燥模型如图 7-8 所示。

7.2.2 干燥箱网格划分

Case 1～Case 5 网格划分方法相同，其网格数量分别为 952 429、959 021、968 312、977 620、985 327 个，见图 7-9。

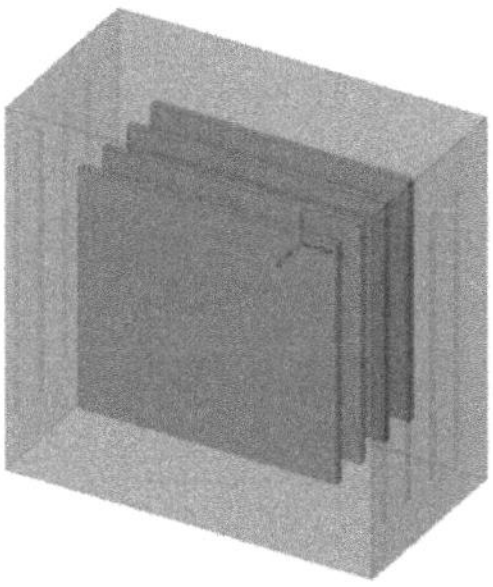

(a) Case 1（各层风口数量：1个）

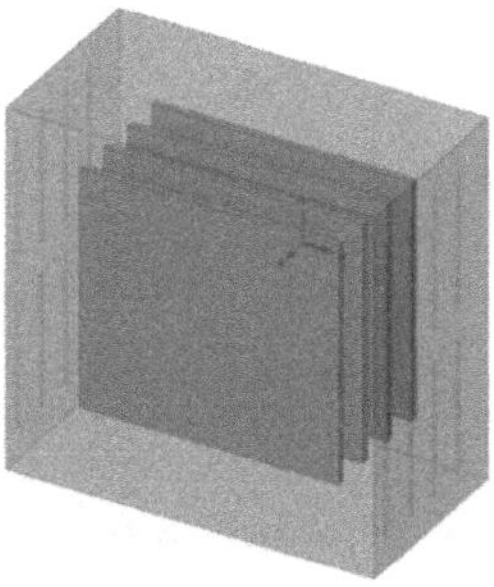

(b) Case 2（各层风口数量：2个）

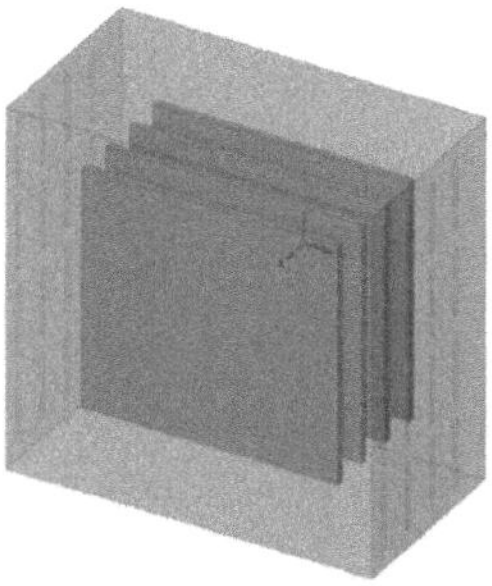

(c) Case 3（各层风口数量：4个）

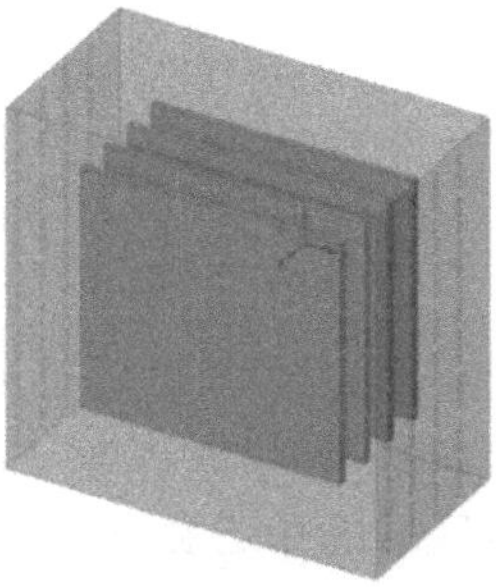

(d) Case 4（各层风口数量：8个）

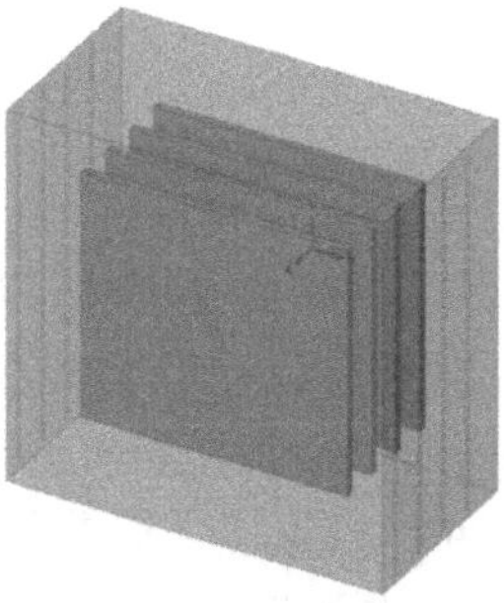

(e) Case 5（各层风口数量：16个）

图 7-8　干燥箱模型设计

(a) Case 1（各层风口数量：1个）

(b) Case 2（各层风口数量：2个）

(c) Case 3（各层风口数量：4个）

(d) Case 4（各层风口数量：8个）

图 7-9　不同干燥箱网格划分剖面图

(e) Case 5（各层风口数量：16个）

图 7-9 （续）

7.2.3 多孔介质区域温度场、风速场和水分场分析

该模拟主要针对干燥过程中干燥箱内多孔介质区域温度、风速和水分分布情况进行分析，因此干燥前期的均匀性直接影响后续干燥速率的快慢，为降低计算成本，主要对前三个小时的流场进行分析。选取了不同高度处花椒多孔介质区域的中心截面（xy 面）观察其温度与水分的变化，其截面高度分别为 $z=0.308$ m（第 1 层）、$z=0.228$ m（第 2 层）、$z=0.148$ m（第 3 层）和 $z=0.068$ m（第 4 层），本节以 Case 1、Case 3 和 Case 5 为例进行详细分析。另外选取 Case 1～Case 5 各模型送风口中心 xz 截面进行风速分析，各模型对应截面分别为 $y=0.00$ mm，$y=170.00$ mm，$y=85.00$ mm，$y=42.50$ mm 和 $y=21.25$ mm。

（1）温度分布及均匀性分析

图 7-10 为 Case 1 各层平均温度与温度不均匀系数变化图，由图可知，随着干燥的进行，各层温度均逐渐升高，第 1～3 层温度差异较小，最大温差范围在 3 ℃内，第 4 层平均温度最低，温差在 6 ℃左右。当干燥时间为 1 h 时，各层温度均较低，其整体平均温度为 309.3 K，各层温度不均匀系数分别为 0.025、0.027、0.024、0.018；当干燥时间为 2 h 时，温度逐渐升高，整体平均温度上升至 323.1 K，各层温度不均匀系数分别为 0.013、0.011、0.012、0.016；

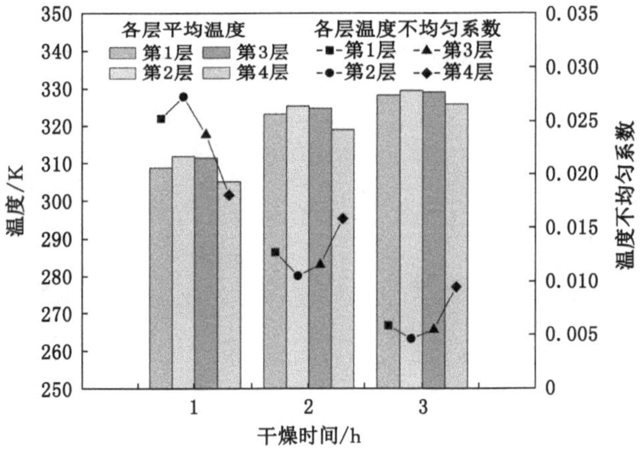

图 7-10 Case 1 各层平均温度与温度不均匀系数变化图

当干燥时间为 3 h 时，温度继续升高且温度不均匀系数显著降低，平均温度达到 328.1 K，各层温度不均匀系数分别为 0.006、0.005、0.005、0.009。

图 7-11 为 Case 1 多孔介质区域温度变化云图。由图可知，多孔介质区域截面的温度随着距离送风口位置的远近而出现显著差异，越靠近送风口位置其温度越高；各层之间的温度变化也存在一些差异，其中第 4 层差异较为明显，这与干燥箱结构及风口形式存在一定的关系。随着干燥的进行，热空气与多孔介质区域之间通过对流换热方式传递热量，使多孔介质区域温度逐渐升高，各层温度分布均匀性有所改善，温度不均匀性明显减小。

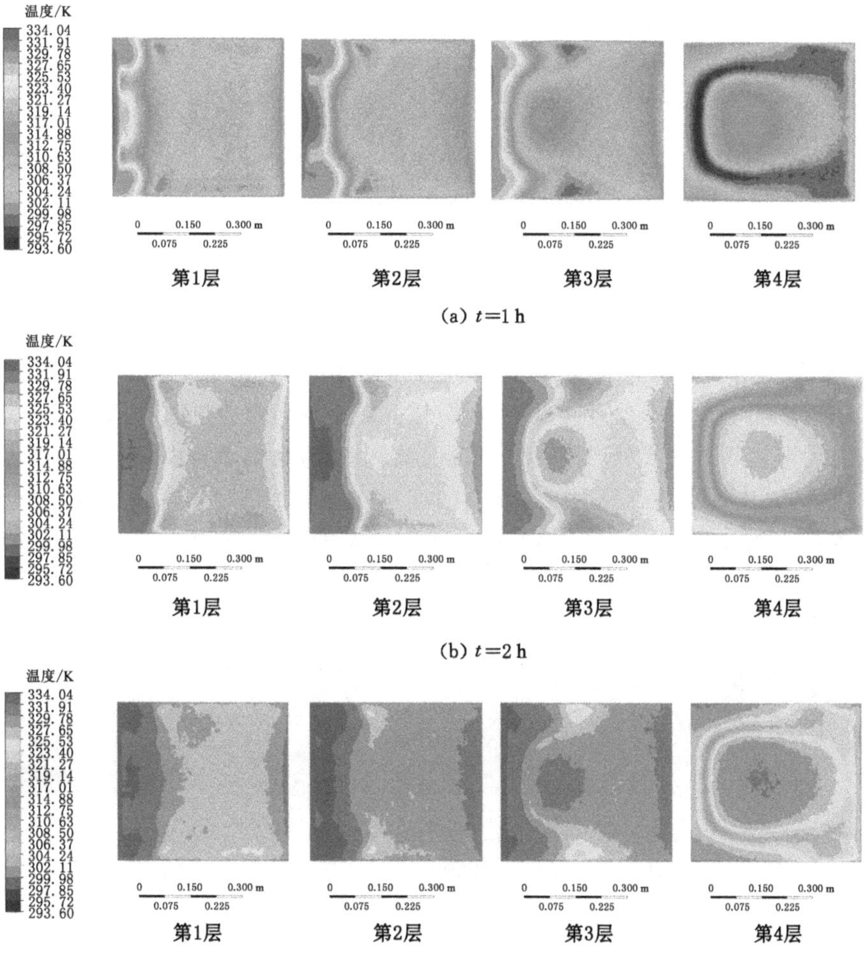

(a) t=1 h

(b) t=2 h

(c) t=3 h

图 7-11　Case 1 多孔介质区域温度变化云图

图 7-12 为 Case 3 各层平均温度与温度不均匀系数变化图。由图可知，在干燥前期，即干燥时间为 1 h 时，物料层温度上升幅度明显比 Case 1 的平均温度低，其整体平均温度为 304.2 K，比 Case 1 的平均温度低约 5 ℃，各层温度不均匀系数分别为 0.008、0.016、0.015、0.025；干燥至 2 h 时，各层平均温度显著升高，整体平均温度比 Case 1 高 2 ℃，其值为 325.1 K，各层温度不均匀系数分别为 0.008、0.009、0.007、0.025；当干燥时间为 3 h 时，各层之间温差减小，最大温差不超过 3 ℃，整体平均温度为 329.1 K，温度上升最明显的为

第 4 层，各层温度不均匀系数分别为 0.004、0.004、0.003、0.015。在整个干燥过程中，可以看出第 4 层的温度不均匀系数高于其他 3 层，说明第 4 层较其他层而言，均匀性较差，这是因为第 4 层受其他层风流扰动最小，因此所接触的风量最小，使第 4 层不均匀系数最高。

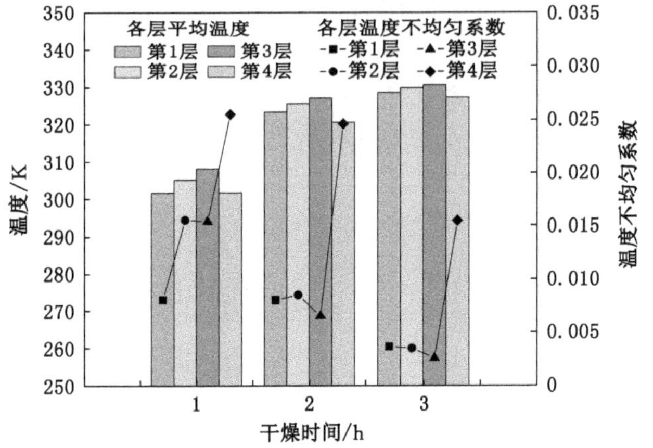

图 7-12　Case 3 各层平均温度与温度不均匀系数变化图

图 7-13 为 Case 3 多孔介质区域温度变化云图。由图可知，靠近送风口位置的温度高，在 4 个送风口之间存在一个温度较低的区域，该区域呈现向两边扩散的趋势，形成波浪状向出风口方向递减。靠近中心处的温度也出现偏低的情况，这是因为物料在干燥过程中，表面水分蒸发较快，其内部水分主要通过毛细力的作用向四周扩散。第 3 层温度相较于其他层而言温度较高，在干燥时间为 1 h 时，温度分布范围大多高于 300 K，第 3 层在干燥的 3 h 内

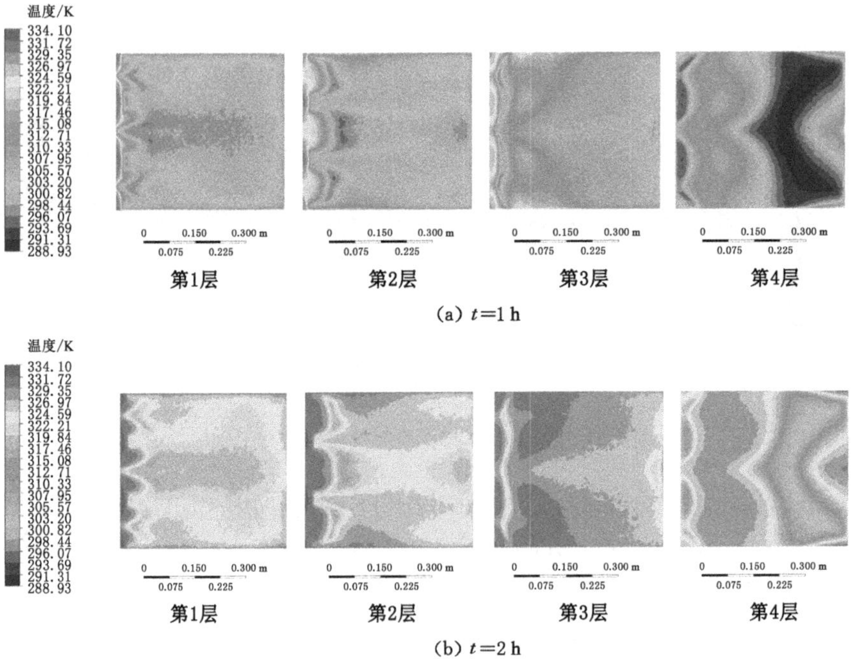

图 7-13　Case 3 多孔介质区域温度变化云图

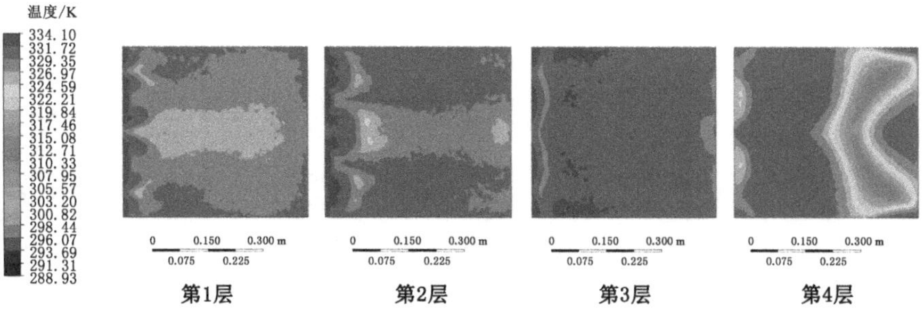

(c) t=3 h

图 7-13 (续)

总体温度均匀性较好且升温较其他层更快。

图 7-14 为 Case 5 各层平均温度与温度不均匀系数变化图，由图可知，在干燥时间为 1 h 时，整体平均温度为 300.7 K，各层的温度不均匀系数分别为 0.017、0.028、0.016、0.021；在干燥时间为 2 h 时，整体平均温度为 316.4 K，各层的温度不均匀系数分别为 0.019、0.022、0.018、0.024；在干燥时间为 3 h 时，整体平均温度为 325.1 K，各层的温度不均匀系数分别为 0.010、0.011、0.011、0.018。对比 Case 1、Case 3、Case 5，可看出随着干燥时间的延长，多孔介质区域的平均温度逐渐升高。对于不均匀系数而言，Case 5 工况下，不同时刻温度不均匀系数均相对较高，这是因为风口数量增多的同时单个风口面积减小，使各风口进入干燥箱的风量减小，进而导致多孔介质区域温度分布不均。

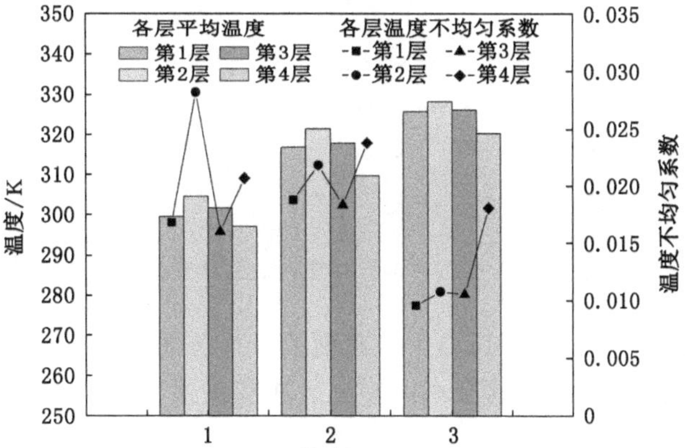

图 7-14 Case 5 各层平均温度与温度不均匀系数变化图

图 7-15 为 Case 5 时多孔介质区域温度变化云图。由图可知，送风口数量增多使靠近送风口侧的温度较集中地升高，其温度分布情况也有所变化，不再呈现射流状扩散趋势，而是以条状逐渐迁移。从整体看，温度上升速率明显慢于上述两个方案，尤其是干燥时间为 1 h 时，大部分区域温度均低于 300 K，干燥至 3 h 时，温度大多保持在 325 K 左右。

(2) 风速分布及均匀性分析

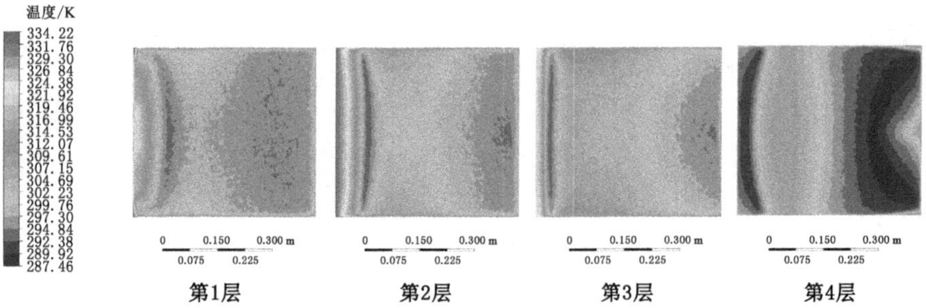

(a) $t=1$ h

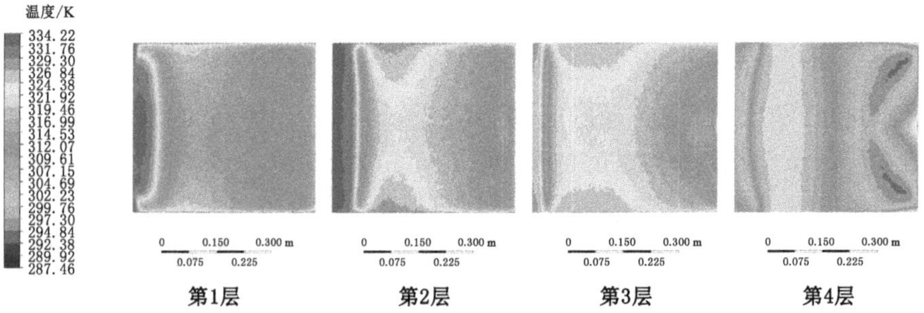

(b) $t=2$ h

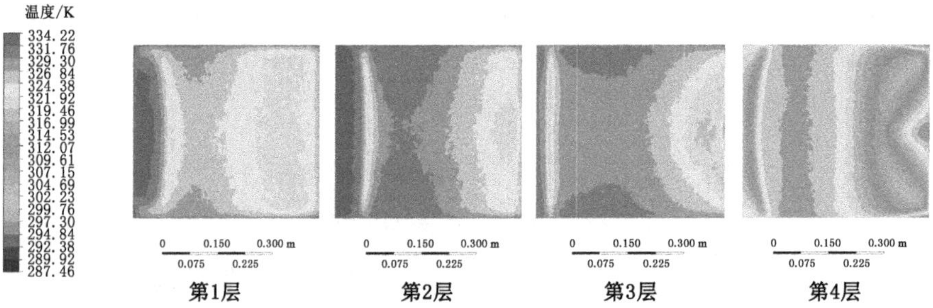

(c) $t=3$ h

图 7-15　Case 5 多孔介质区域温度变化云图

图 7-16 为 Case 1～Case 5 各风口中心截面的风速分布云图，由于在干燥过程中，进风口风速保持不变，一直为 3 m/s，其流场内整体风速变化差异较小，因此选取了第 2 小时的各截面风速分布云图进行分析。其中图 7-16(a)为各截面布点分布图。由图可知，干燥箱内风速大小与单个风口面积有关，各截面所对应的平均风速分别为 0.52、0.48、0.40、0.31、0.30 m/s，所对应的不均匀系数分别为 0.51、0.54、0.61、0.54、0.48，结果表明：风速随着单个风口面积的减小而降低，单个风口面积越大，干燥箱内风速越大，其中 Case 1 截面风速变化最明显，掠过干燥层表面的风速大多处于 0.8 m/s，其不均匀系数相对较低，Case 5 虽为 5 个方案中不均匀系数最小的，但其干燥层附近的风速仅在 0.3 m/s 左右，比 Case 1 下降了约 62.5%。

(3) 含水率分布及均匀性分析

本部分以干基含水率指标为分析对象。

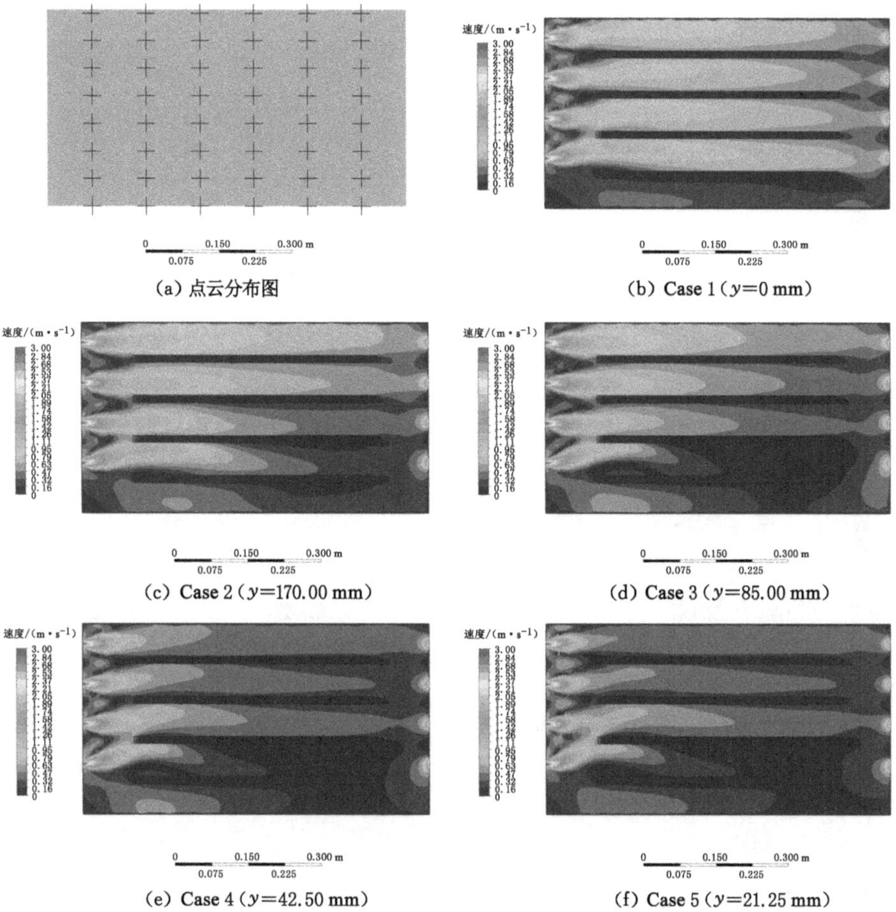

(a) 点云分布图　(b) Case 1（y=0 mm）

(c) Case 2（y=170.00 mm）　(d) Case 3（y=85.00 mm）

(e) Case 4（y=42.50 mm）　(f) Case 5（y=21.25 mm）

图 7-16　不同风口数量风口中心截面风速分布云图

图 7-17 为 Case 1 多孔介质区域含水率变化云图。由图可知，越靠近送风口侧的区域含水率下降越快，当送风口为 1 个时，第 1～3 层水分变化近似相同，含水率均为边界向中心递增的趋势，但第 4 层含水率下降的相对较慢，这可能是由于受上下风口相互作用的影响导致各层之间含水率分布不均。

图 7-18 为 Case 1 各层平均含水率与水分不均匀系数变化图。由图可知，随着干燥的进行，各层含水率逐渐下降，且各层不均匀系数逐渐升高。在干燥时间为 1 h 时，整体平均含水率为 1.13 kg/kg，各层水分不均匀系数分别为 0.124、0.172、0.124、0.071；在干燥时间 2 h 时，整体平均含水率为 0.65 kg/kg，各层水分不均匀系数分别为 0.180、0.224、0.183、0.129；在干燥时间为 3 h 时，整体平均含水率为 0.44 kg/kg，各层水分不均匀系数分别为 0.195、0.236、0.200、0.158。

图 7-19 为 Case 3 多孔介质区域含水率变化云图。由图可知，对比 Case 1，在第 1 小时时，Case 3 各层含水率下降较慢，均高于前者，但在第 2 小时时，Case 3 的含水率逐渐接近于前者，干燥时间至 3 h 时，各层含水率开始低于前者。

图 7-20 为 Case 3 各层平均含水率与水分不均匀系数变化图，由图可知，在干燥时间为 1 h 时，整体平均含水率为 1.60 kg/kg，各层水分不均匀系数分别为 0.023、0.055、0.053、

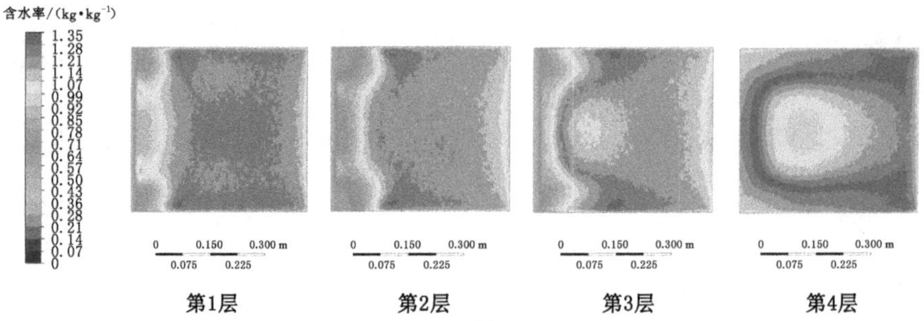

(a) t=1 h

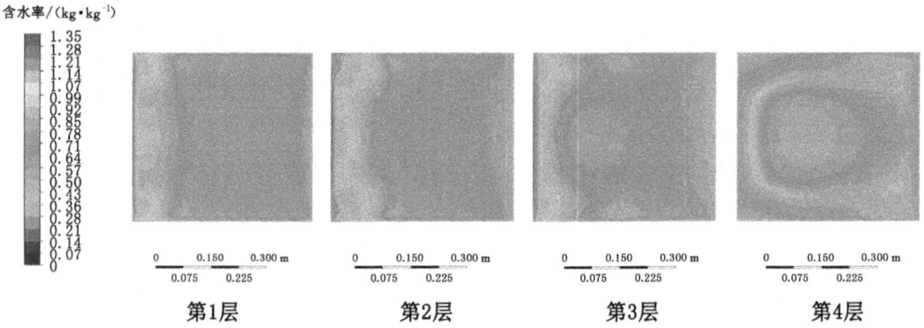

(b) t=2 h

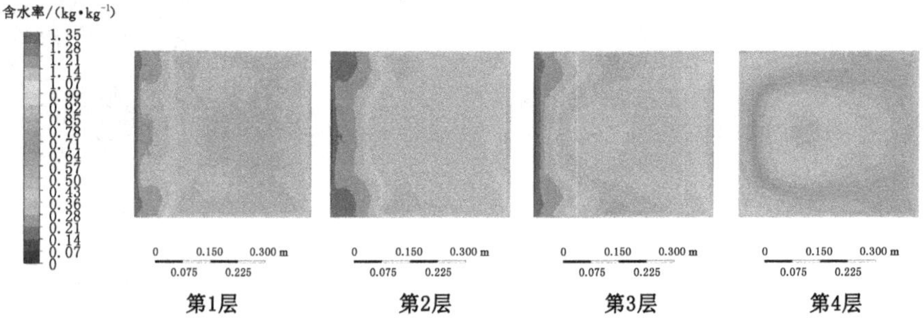

(c) t=3 h

图 7-17 Case 1 多孔介质区域含水率变化云图

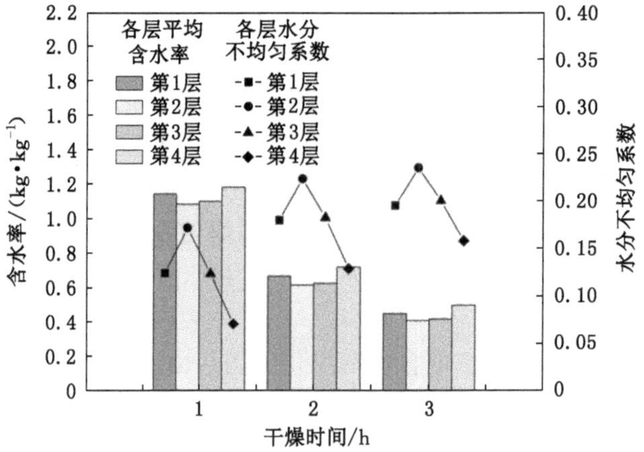

图 7-18 Case 1 各层平均含水率与水分不均匀系数变化图

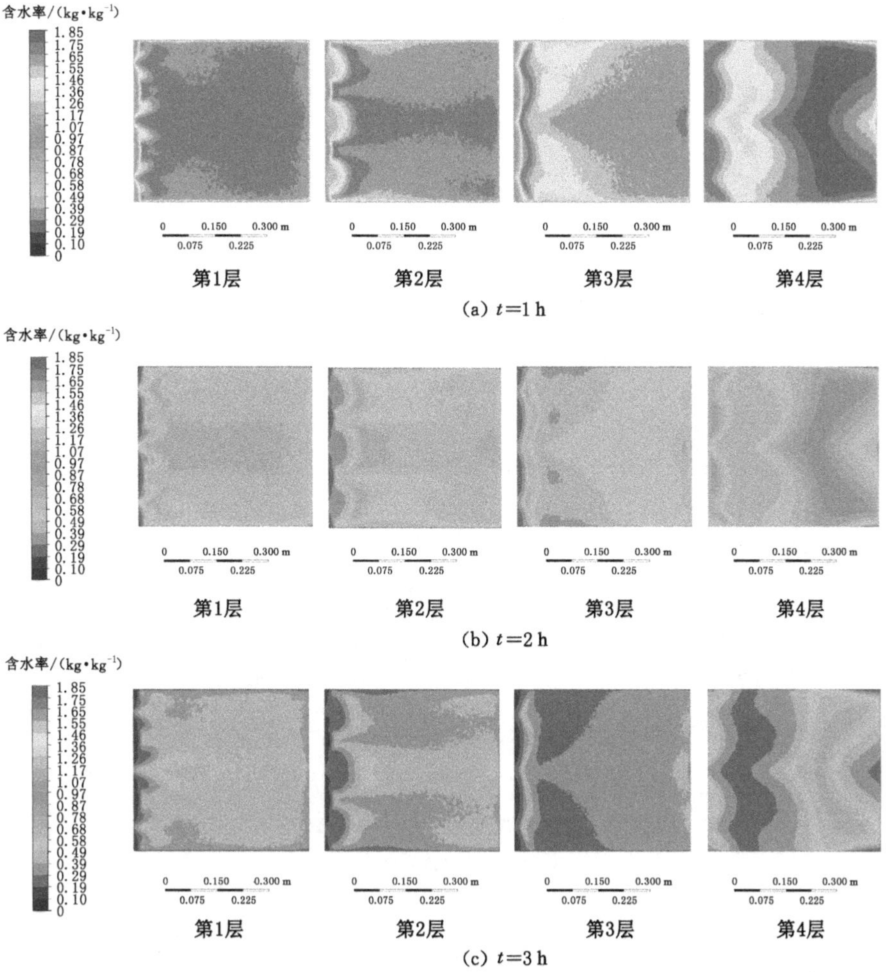

图 7-19 Case 3 多孔介质区域含水率变化云图

0.083;在干燥时间为 2 h 时,整体平均含水率为 0.58 kg/kg,各层水分不均匀系数分别为 0.085、0.139、0.140、0.249;在干燥时间为 3 h 时,整体平均含水率分别为 0.39 kg/kg,各层水分不均匀系数分别为 0.101、0.154、0.151、0.302。

图 7-21 为 Case 5 多孔介质区域含水率变化云图。由图可知,干燥前期,各层含水率基本处于较高状态,且第 4 层水分不均匀情况相对明显,干燥至第 2 小时时,各层含水率逐渐均匀,但含水率仍然较高,大多高于 1.02 kg/kg,总的来说,风口数量增多使各层的含水率下降速率降低。

图 7-22 为 Case 5 各层平均含水率与水分不均匀系数变化图,由图可知,在干燥时间为 1 h 时,整体平均含水率为 1.94 kg/kg,各层水分不均匀系数分别为 0.035、0.067、0.035、0.050;在干燥时间为 2 h 时,整体平均含水率为 1.02 kg/kg,各层水分不均匀系数分别为 0.117、0.188、0.118、0.138;在干燥时间为 3 h 时,整体平均含水率为 0.65 kg/kg,各层水分不均匀系数分别为 0.153、0.235、0.164、0.191。

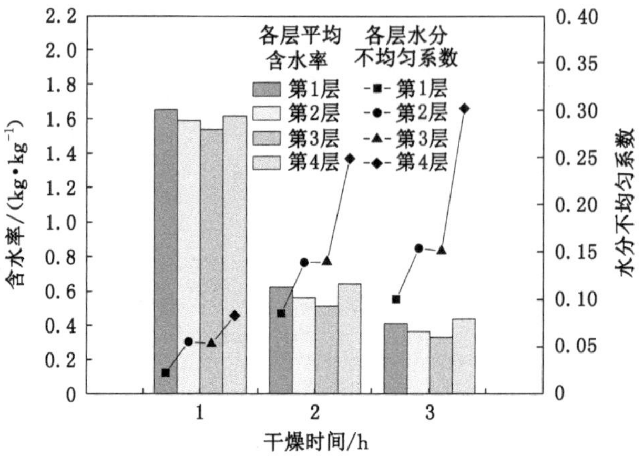

图 7-20　Case 3 各层平均含水率与水分不均匀系数变化图

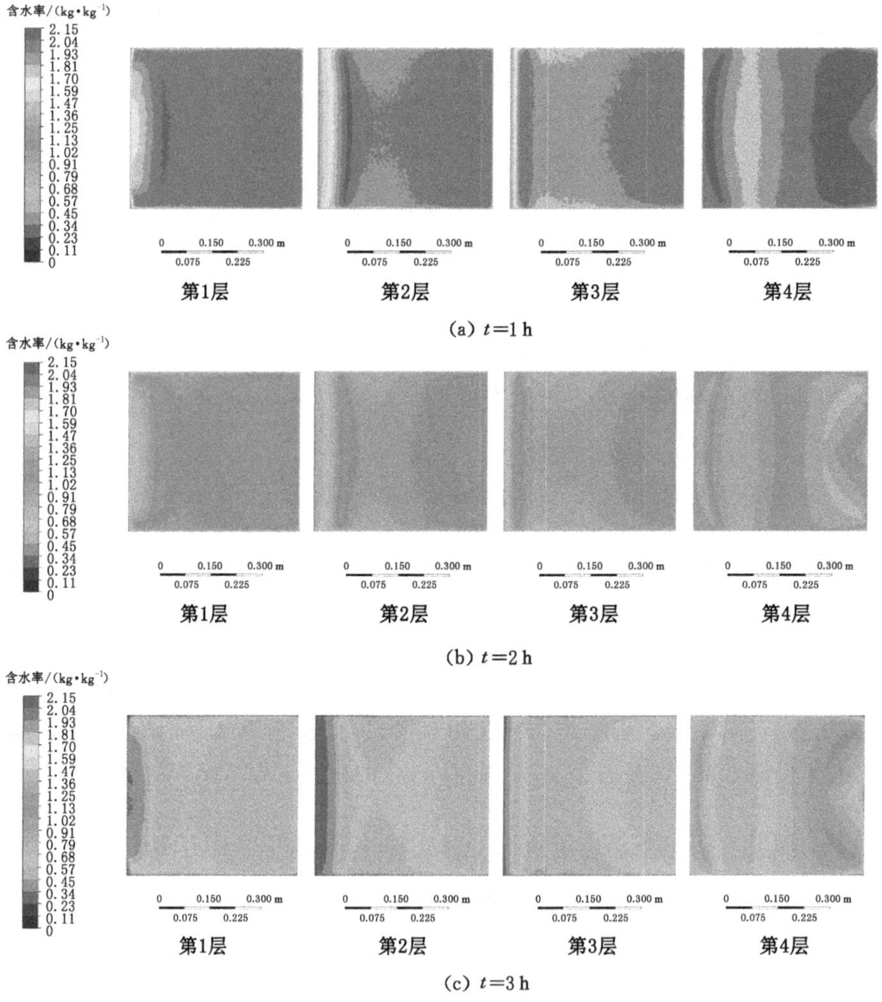

图 7-21　Case 5 多孔介质区域含水率变化云图

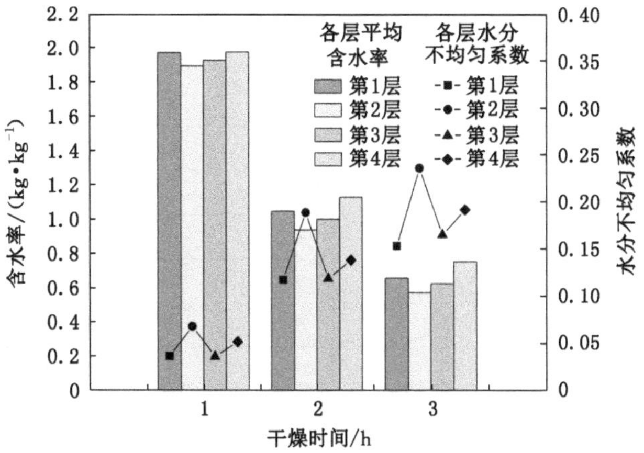

图 7-22　Case 5 各层平均含水率与水分不均匀系数变化图

(4) 5 种干燥箱结构优劣对比

Case 2 与 Case 4 三个时刻温度及含水率情况如表 7-1 所列。结合 7.2.3(1)、7.2.3(3) 内容，Case 2 相较于 Case 1，整体平均温度略有提升，其中在第 1 小时时，温差仅有 0.3 K，第 2 小时和第 3 小时时提升范围在 2 K 内，其不均匀系数有略微升高趋势，即均匀性略有下降；含水率除第 1 小时略高出 0.03 kg/kg 外，其余时刻各层的整体平均含水率均低于 Case 1，但水分不均匀系数有所增加，即各层多孔介质区域的水分均匀性有所下降。当风口数量为 8 个时(Case 4)，温度变化趋势与 Case 3 相似，随着干燥的进行，Case 4 的温升速率快于 Case 3 的，但各时刻整体平均温度均低于 Case 3 的，且均匀性没有 Case 3 的好；但较 Case 1 和 Case 2 而言，温度均匀性有所提升，其各层含水率变化速率相较于 Case 1～3 而言逐渐变得缓慢，这是因为在相同风速条件下，单个送风口面积的减小意味着送风口流量的减少，因此送风射程变短，多孔介质为区域受热，导致含水率下降缓慢。

表 7-1　Case 2 和 Case 4 的温度和含水率情况

方案	干燥时间/h	层数	平均温度/K	整体平均温度/K	温度不均匀系数	平均含水率/(kg·kg^{-1})	整体平均含水率/(kg·kg^{-1})	水分不均匀系数
Case 2	1	1	303.9	309.6	0.018	1.27	1.16	0.068
		2	310.2		0.029	1.16		0.143
		3	314.9		0.027	1.07		0.166
		4	309.2		0.029	1.15		0.144
	2	1	321.5	325.1	0.018	0.63	0.54	0.161
		2	325.4		0.019	0.53		0.270
		3	328.4		0.010	0.45		0.267
		4	325.1		0.022	0.53		0.291
	3	1	326.9	329.1	0.011	0.43	0.36	0.197
		2	329.0		0.010	0.36		0.308
		3	331.0		0.004	0.30		0.283
		4	329.6		0.013	0.36		0.343

表 7-1(续)

方案	干燥时间/h	层数	平均温度/K	整体平均温度/K	温度不均匀系数	平均含水率/(kg·kg⁻¹)	整体平均含水率/(kg·kg⁻¹)	水分不均匀系数
Case 4	1	1	301.7	302.1	0.016	1.84	1.82	0.038
		2	305.4		0.021	1.78		0.056
		3	302.8		0.016	1.81		0.040
		4	298.3		0.021	1.86		0.058
	2	1	321.5	320.5	0.015	0.81	0.81	0.130
		2	324.3		0.015	0.74		0.170
		3	321.5		0.014	0.79		0.134
		4	314.6		0.024	0.91		0.171
	3	1	327.9	327.3	0.007	0.52	0.52	0.156
		2	329.4		0.006	0.46		0.200
		3	328.1		0.008	0.50		0.166
		4	323.9		0.017	0.61		0.224

通过对干燥箱 5 种不同风口数量条件下的流场进行模拟，可以看出，风口数量的不同会影响整个干燥过程的快慢，即影响物料层温度上升的速度，物料层的温升速度又直接影响了物料中水分流失的速度，即物料层温度越高含水率下降得越快。同时，风口面积影响了干燥箱内风速场的变化，同一送风速度下，风口面积越小，其流场内风速越低。

图 7-23 为 5 种干燥箱不同时刻物料平均温度和平均含水率变化曲线，由图可知，除 Case 1 外，随着风口数量的增多，各层平均温度均有所下降，平均含水率有所增加。多孔介质区域的温升速率均在第 2 小时后有所降低，其中 Case 2 的平均温度最高，含水率最低。在干燥时间为 1 h 时，除 Case 1 外，随风口数量的增多，物料层平均温度降低，但当干燥时间为 2 h 时，Case 3 的平均温度接近 Case 2 的平均温度，其温度差值在 1 K 左右，含水率差 0.07 kg/kg；至 3 h 时，Case 3 的平均温度与 Case 2 的平均温度差值最小且近似相等。在整个干燥过程中，Case 5 的平均温度一直处于最低，其含水率下降最慢，且这三个小时的平均

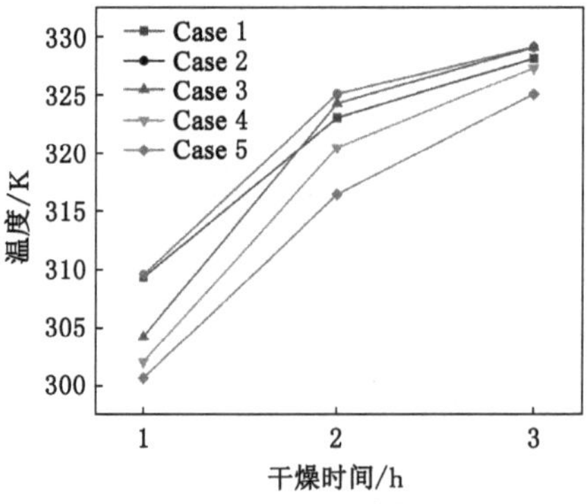

(a) 平均温度变化

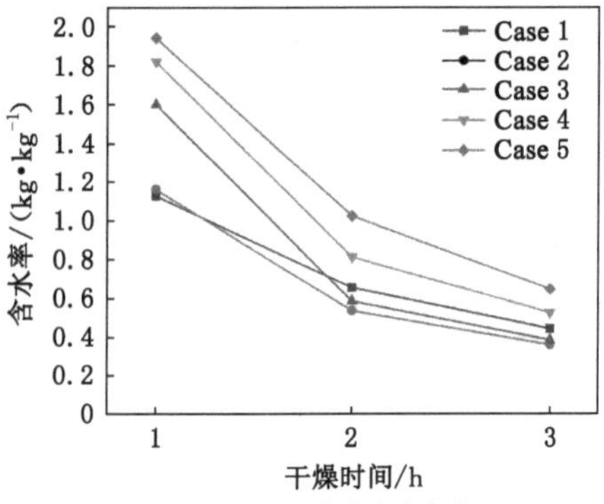

(b) 平均含水率变化

图 7-23　5 种干燥箱不同时刻物料平均温度和平均含水率变化图

温度值分别为 300.68、316.45、325.07 K，平均含水率分别为 1.94、1.05、0.65 kg/kg 5 种干燥箱不同时刻物料温度不均匀系数的均值变化曲线见图 7-24(a)，由图可知，Case 3 的温度不均匀系数为 5 种方案中最小的，即均匀性最好，而风口数量较多的 Case 4 和 Case 5 的均匀性相对较差。在干燥时间为 1 h 时，Case 3 的温度分布不均匀系数相较于其他 4 个方案变化相对较明显，分别降低了 45.9%、61.3%、16.4%、26.4%；在干燥时间为 2 h 时，Case 3 相较于其他 4 个方案分别降低了 6.0%、45.7%、42.1%、72.9%；在干燥时间为 3 h 时，Case 3 相较于其他 4 个方案分别降低了 0.6%、51.9%、50.3%、93.5%。

水分不均匀系数见图 7-24(b)，从不均匀系数的角度而言，不均匀系数越小，其均匀性越好。由图看出，Case 5 整体水分不均匀系数最低，Case 4 和 Case 3 的数值接近；但 Case 4 和 Case 5 所对应的含水率明显高于 Case 3 的，且在第 2 小时最为明显，比 Case 3 时的分别高出 39% 和 75%。

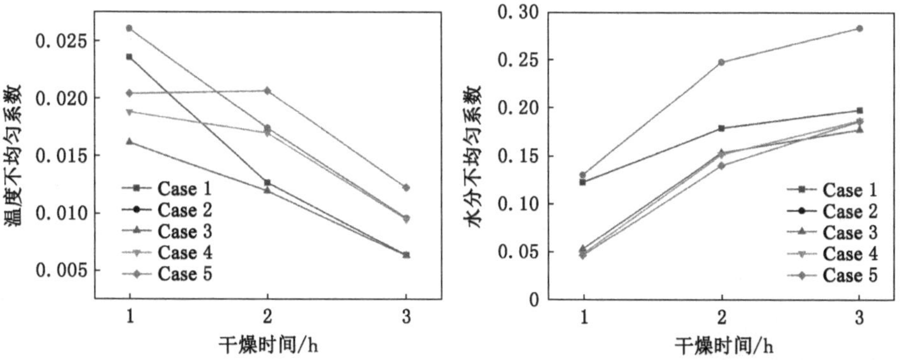

(a) 温度不均匀系数　　(b) 水分不均匀系数

图 7-24　5 种干燥箱不同时刻物料温度及水分不均匀系数变化图

总体而言，影响干燥箱内干燥速率最主要的因素为温度分布，物料层温度越高，水分下降越快，Case 3 的平均温度虽不是最高且风速也不是最大，但从均匀性角度，其温度分布均匀性最好，且与最高平均温度的 Case 2 之间温差范围较小，因此，认为 Case 3 的干燥模型为设计的最优模型，即每层风口数量为 4 个，各风口尺寸为 125 mm×10 mm。

7.3　气流组织优化

影响气流组织的因素除风口数量外，送风参数及送风位置同样对其有着重要影响。前述已得出了各层风口数量为 4 个，风口尺寸为 125 mm×10 mm 的干燥箱模型为最优模型，但从温度场、风速场和水分场的分布来看，其均匀性仍有改进的余地，基于此，通过改变风速、分阶段变风速及改变物料层位置三种情况对干燥箱气流进行优化，为花椒干燥设计提供依据。

7.3.1　优化模型建立

基于 Case 3 各层温度和含水率的分布情况(表 7-2)，可以发现，最下层的温度整体上低于其他三层的，温差范围在 7 K 以内，并且温度不均匀系数明显高于其他三层的，干燥时间为 1 h 时，其值比第 1 层的高 213%；对于水分场，第 4 层的含水率下降速率最慢，其不均匀系数也明显高于其他三层的。为加快多孔介质区域平均干燥速率，对 Case 3 模型进一步的优化。

表 7-2　Case 3 各层温度和含水率分布情况

干燥时间/h	干燥层	平均温度/K	温度不均匀系数	平均含水率/($kg \cdot kg^{-1}$)	水分不均匀系数
1	1	301.76	0.008	1.65	0.023
	2	305.24	0.016	1.59	0.055
	3	308.19	0.015	1.54	0.053
	4	301.78	0.025	1.62	0.083
2	1	323.48	0.008	0.62	0.085
	2	325.73	0.009	0.56	0.139
	3	327.20	0.007	0.51	0.140
	4	320.69	0.025	0.64	0.249
3	1	328.60	0.004	0.41	0.101
	2	329.84	0.004	0.36	0.154
	3	330.63	0.003	0.33	0.151
	4	327.36	0.015	0.44	0.302

如图 7-25 所示，优化方案一的干燥模型在 Case 3 模型的基础上，将多孔介质区域上移了 20 mm，风口与物料层间隙减小，网格划分方式同前，得出其网格数量为 985 815 个。

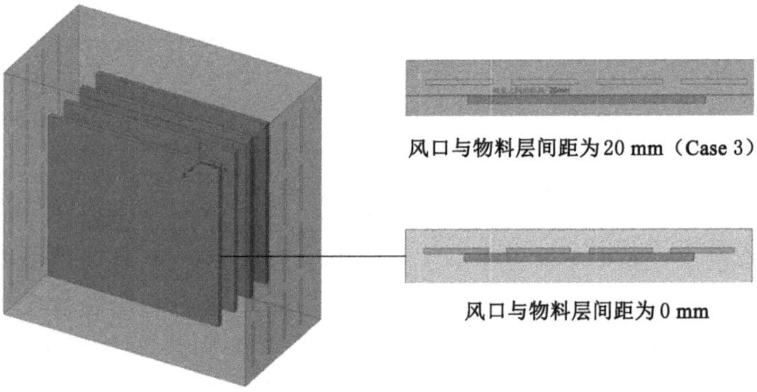

图 7-25　优化方案一干燥模型

送风参数是影响气流组织均匀性的另一大因素，其主要包括温度和速度两个参数，其中花椒干燥温度不宜过高[124]，因此本节主要针对干燥介质的速度进行优化。原方案的风速为 3 m/s，将风速调整为 5 m/s 进行优化（优化方案二）；考虑到风速过高会导致能耗增大，因此还对风速 5 m/s 保持 1 h 后降为 3 m/s 的情况（优化方案三）进行了模拟。

7.3.2　物料层位置对气流组织的影响

（1）温度分布情况

图 7-26 为原方案（Case 3）与优化方案一（改变物料层位置）各层平均温度及温度不均匀系数对比图，各层截面高度分别为 z=0.327 5、0.247 5、0.167 5、0.875 0 m。由图可知，各层温度均有明显的提升，当干燥时间为 1 h 时，温度提升最显著，整体平均温度由原方案的 304.2 K 升高至 309.5 K，高出 5.3 ℃，其中第 4 层温度差异最大，由 301.8 K 上升至

310.0 K，有效改善了第 4 层温度偏低的问题。当干燥时间为 2 h 和 3 h 时，与原方案相比，温度略有升高，整体平均温度升高范围为 1～2 ℃，温度不均匀系数有所下降，其中第 4 层温度不均匀系数变化最为明显，由原方案的 0.025 和 0.015 分别下降至 0.017 和 0.008，物料层均匀性分别提升了 32.0％和 46.7％。因此，风口距离物料层的高度差越小，其干燥效果越好，干燥效率越高。

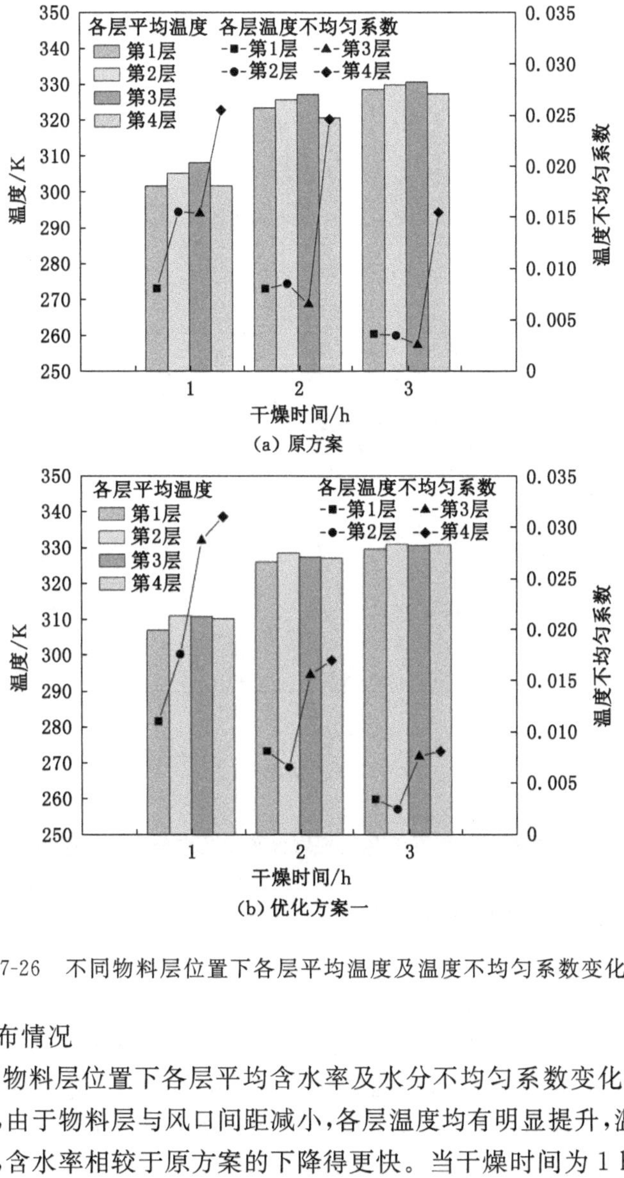

图 7-26　不同物料层位置下各层平均温度及温度不均匀系数变化图

（2）含水率分布情况

图 7-27 为不同物料层位置下各层平均含水率及水分不均匀系数变化图，由图可知，含水率受温度影响较大，由于物料层与风口间距减小，各层温度均有明显提升，温度升高越多，含水率下降越快。因此，含水率相较于原方案的下降得更快。当干燥时间为 1 h 时，整体平均含水率下降至 1.13 kg/kg，比原方案含水率下降率提升了 30.1％。当干燥时间为 2 h 时，整体平均含水率为 0.47 kg/kg，与原方案相比含水率下降率提升了 19.0％。干燥至 3 h 时，整体平均含水率为 0.31 kg/kg，此时的含水率与原方案的差值减小，仅比原方案低 0.078 kg/kg。在优化方案一中，水分不均匀系数有所升高，其均匀性有所下降，这是因为风口与物料层间距变小，所接触的热空气变多，靠近送风口处的含水率下降更快，距离送风口较远位置的含水

率下降稍缓，使物料层发生水分不均匀的现象。

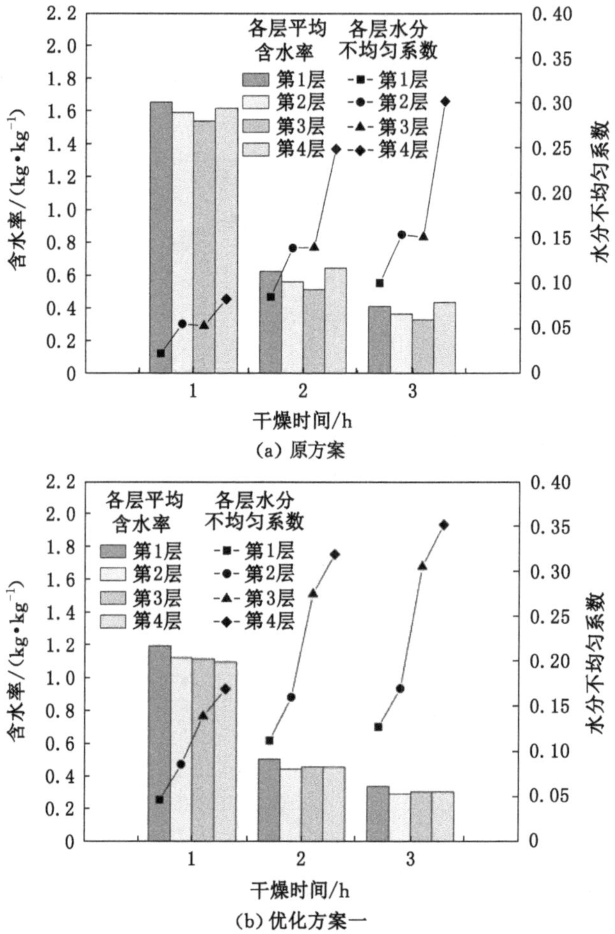

图 7-27　不同物料层位置下各层平均含水率及水分不均匀系数变化图

7.3.3　送风参数对干燥箱气流组织的影响

(1) 温度分布情况

图 7-28 为物料层与风口间距为 20 mm、不同送风参数下各层平均温度与温度不均匀系数变化图，其中图 7-28(a)为风速恒定为 5 m/s 时各层平均温度与温度不均匀系数变化图，图 7-28(b)为风速以 5 m/s 保持 1 h 后降低为 3 m/s 各层平均温度与温度不均匀系数变化图。由图可知，前 1 h 保持相同风速进行干燥，速度提升加快物料层升温速率，其整体平均温度升高幅度较大，从原方案(Case 3)的 304.2 K 上升至 320.9 K，其整体温度不均匀系数相同，均为 0.016；当干燥时间为 2 h 时，整体平均温度从原方案的 324.3 K 分别上升至 330.8 K 和 328.0 K，且两种优化方案温度不均匀系数有明显下降，即物料层温度均匀性有所提升，其中最明显的为第 4 层。当干燥时间为 3 h 时，物料层温度趋于稳定，各层之间温度差异减小，在 1～2 ℃内，且两种优化方案的整体平均温度均高于原方案的，此时整体温度不均匀系数最低，其均值仅为 0.002 和 0.004。

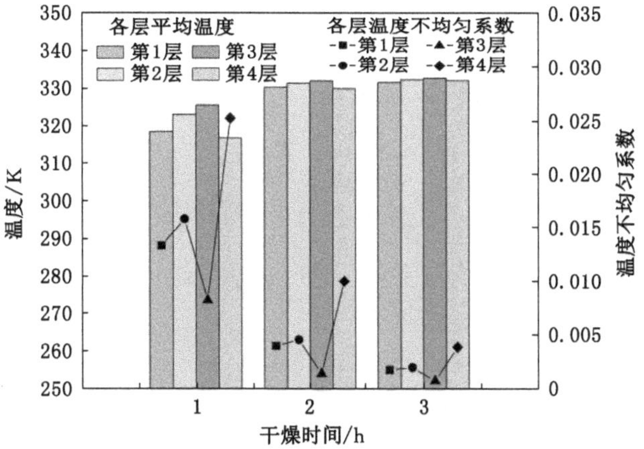

(a) 优化方案二

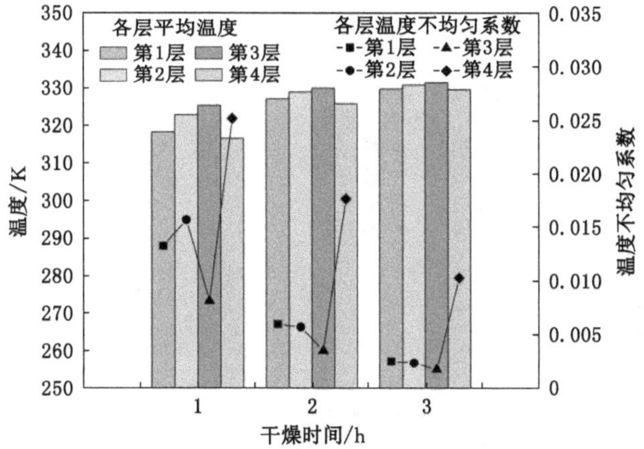

(b) 优化方案三

图 7-28 不同送风参数下各层平均温度及温度不均匀系数变化图

(2) 含水率分布情况

图 7-29 为物料层与风口间距为 20 mm、不同送风参数下各层平均含水率与水分不均匀系数变化图，其中图 7-29(a)为风速恒定为 5 m/s 时各层平均含水率与水分不均匀系数变化图，图 7-29(b)为风速以 5 m/s 保持 1 h 后降低为 3 m/s 各层平均含水率与水分不均匀系数变化图。由图可知，各层之间的变化规律与原方案的相似，第 4 层含水率下降速率慢于其他各层的。前期增大风速，有效增强了干燥介质与物料层之间的强制对流换热，物料表面水分扩散效果加剧，干燥 1 h 时，整体平均含水率从原方案的 1.60 kg/kg 降至 0.82 kg/kg，水分下降明显；干燥至 2 h 时，干燥速率逐渐降低，两种优化方案的整体平均含水率相差极小，仅为 0.04 kg/kg，当干燥时间为 3 h 时，含水率变化规律与干燥 2 h 时的相似，且与原方案相比，三种方案各层水分不均匀系数随着干燥的进行均有升高，其中 Case 3 在干燥前期(1 h)各层水分不均匀系数较小，这是因为风速低使各层物料中水分流失得慢，而对于两种优化方案在相同时间内水分下降得更多，使物料层不均匀系数有所增加。干燥时间为 3 h 时，原方案与此两种优化方案的整体水分不均匀系数平均值相近。

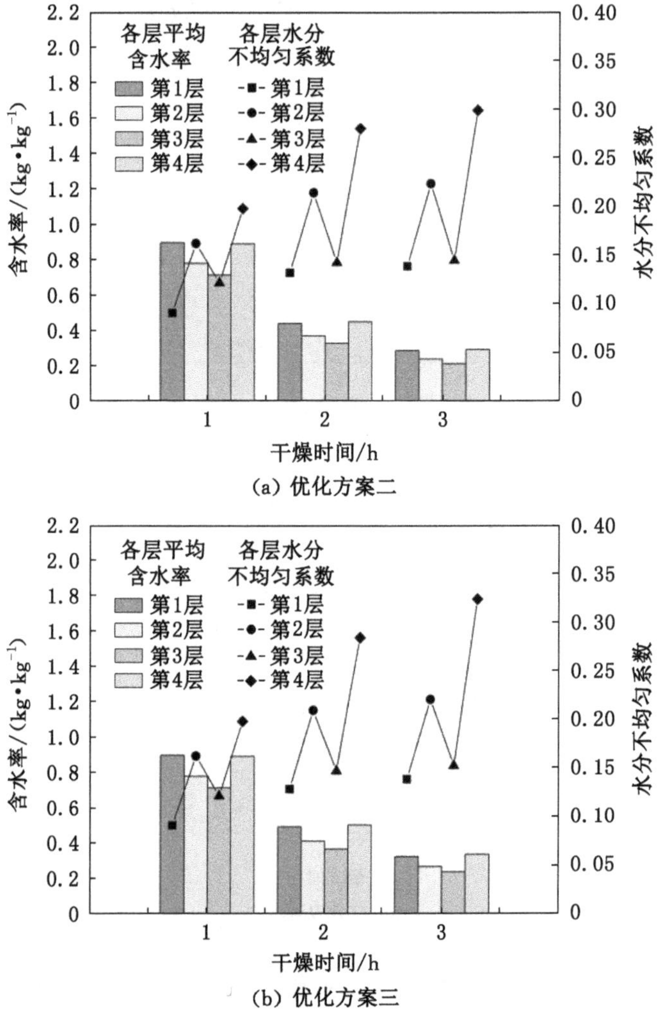

图 7-29　不同送风参数下各层平均含水率及水分不均匀系数变化图

7.3.4　风速场优化对比

图 7-30 为原方案与三种优化方案在干燥 2 h 时同一截面风速分布云图，由图可知，越靠近送风口，流场内风速越大，其风量也越大，四种方案中风速场分布情况相似，均以射流状从送风口流入干燥箱内，且风速不均匀系数变化范围较小，仅在 0.42～0.44 范围内。但从图 7-30(a)与图 7-30(b)来看，物料层位置改变对第 4 层附近的风速分布影响较大，在此截面中 $z=0.05$ m 和 $z=0.11$ m 高度处的平均风速由原来的 0.27 m/s 和 0.21 m/s 分别升高至 0.32 m/s 和 0.28 m/s；当进风风速为 5 m/s 时，干燥箱内整体气流扰动增强，在气流较差的最下层区域风速也有所增加，其中风速变化最大值出现在第 1 层附近，在 0.5 m/s 左右；整体上看，改变物料层位置使第 4 层进风射程更远，所接触的风量更多，优于改变送风参数的方案。

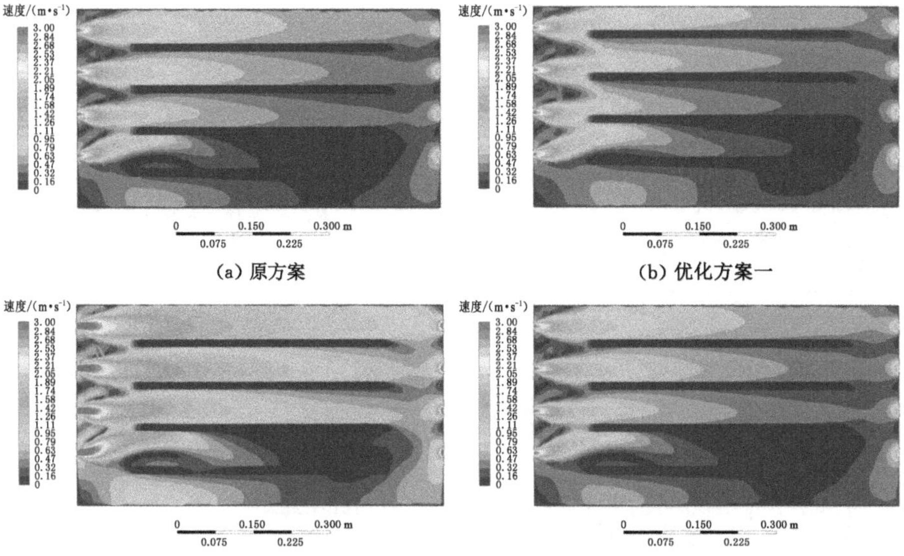

(a) 原方案　(b) 优化方案一

(c) 优化方案二　(d) 优化方案三

图 7-30　不同方案干燥 2 h 同一截面(y=0.085 m)的速度分布云图

7.4　干燥特性分析

图 7-31(a)为水分比随时间变化曲线，由图可知，四种方案的水分比在相同时间所下降的程度各不相同，其中原方案在干燥 3 h 时的水分比最大，其值为 10.63%，所对应的含水率为 0.367 kg/kg；三种优化方案从水分比角度而言均较原方案有所改善，其水分比均低于原方案，且干燥 3 h 时水分比值由大到小所对应的方案依次为优化方案三、优化方案一、优化方案二，其水分比分别为 8.27%、8.02%、7.33%，所对应含水率分别为 0.285、0.276、0.252 kg/kg。

图 7-31(b)为干燥速率变化随水分比曲线，由图可知，优化后的方案在干燥速率上也均有提升，其中风速增大使物料层与干燥介质之间的传热增强，干燥前期物料层表面的自由水极易脱除，物料层内部扩散速率大于表面汽化速率，此时表面水分的蒸汽压恒定，表面汽化的推动力保持不变，因此干燥速率增加，随着干燥的进行，表面水分逐渐降低，其内部由毛细力作用的结合水较难脱除，因此干燥速率逐渐下降。

图 7-31(c)为干燥速率随时间的变化曲线，由图可知，在干燥时间为 75 min 时，始终处于干燥速率最低的原方案逐渐高于其余三个方案，这是因为原方案的含水率因自身条件影响下降较慢，在此时刻，其表面水分并未完全脱除；在干燥时间为 90 min 时，改变送风参数的两个方案干燥速率基本平稳，且差异极小；干燥至 105 min 时，改变物料层位置的方案的干燥速率也逐渐趋于平缓。

总的来说，本节提出的三种优化方案对流场分布及干燥速率均有所改善，风口距离物料层的高度差越小，其干燥效果越好，干燥效率越高。从流场分布角度而言，改变物料层位置，减小了物料层与送风口之间的距离，使干燥介质与物料层之间的接触面积增大，换热效果提高，因此，对干燥箱模型的优化优于改变送风参数。从干燥速率角度而言，风速的增加使干

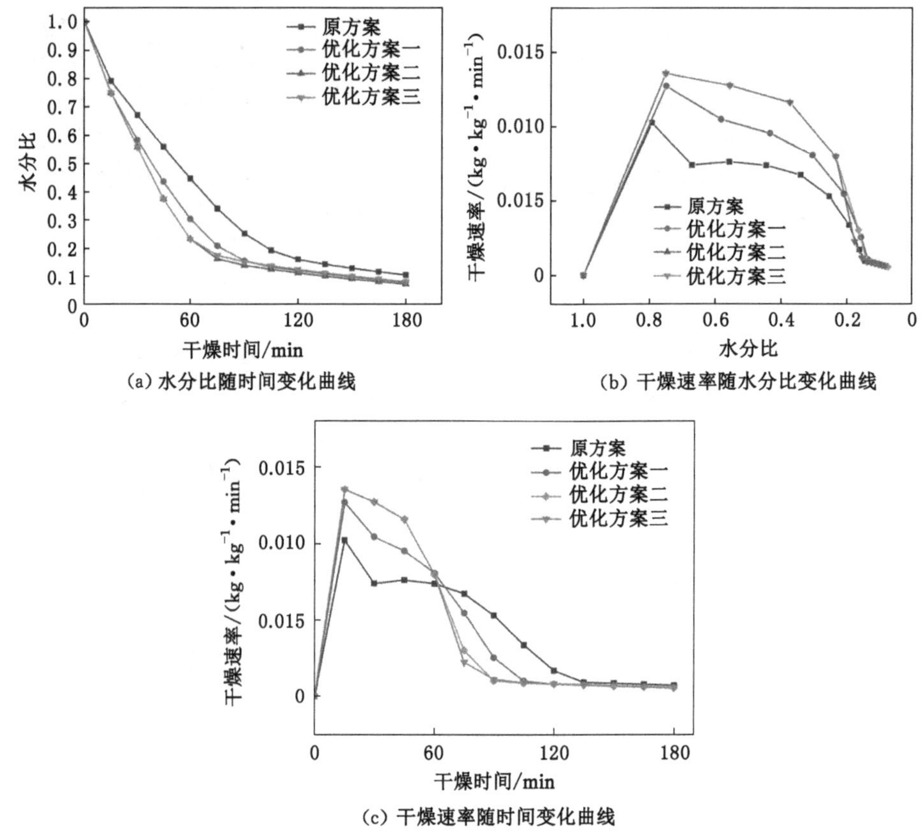

(a) 水分比随时间变化曲线

(b) 干燥速率随水分比变化曲线

(c) 干燥速率随时间变化曲线

图 7-31　不同方案水分比及干燥速率变化曲线

燥介质的射程更远，也同样能够增强干燥介质与物料层之间的换热，但在改变送风参数的两个优化方案中，二者区别较小，考虑到现实设备中，长时间将风速恒定在 5 m/s 会使风机的耗电量增加，因此在干燥过程中考虑分阶段干燥是节能的一大重要措施。

8　太阳能-空气源热泵干燥系统设计

8.1　总体方案

考虑利用机械方式来提升花椒干燥的产业化，同时从节能的角度出发，克服农户分散式干燥的弊端，提出一村一厂多户同时使用，具有集热、贮热、辅助加热、控制、烘干等功能的如下三种干燥系统方案。

(1) 系统一：太阳能空气集热器-回热型空气源热泵联合系统。

(2) 系统二：太阳能空气集热器-除湿型热泵联合系统。

(3) 系统三：太阳能空气集热器-转轮除湿型热泵联合系统。

8.2　系统应用模式与运行过程

8.2.1　太阳能空气集热器-回热型空气源热泵联合系统

太阳能空气集热器-回热型空气源热泵联合系统见图 8-1。

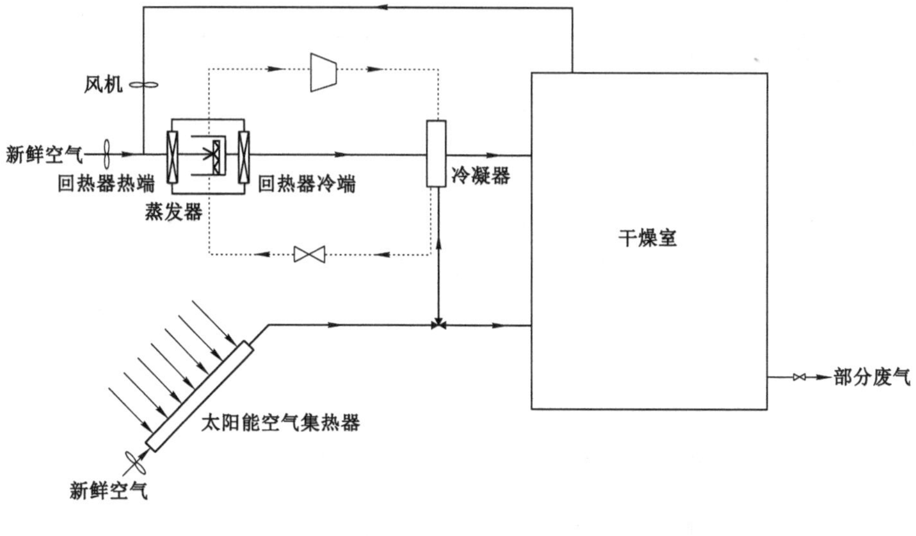

图 8-1　太阳能空气集热器-回热型空气源热泵联合系统

(1) 热泵单独干燥过程：在太阳辐射较弱(阴雨天或黑夜)，系统采用热泵单独干燥。

室外新鲜空气与干燥室中产生的高温高湿的部分废气混合后，依次流经回热器热端、蒸发器、回热器冷端和冷凝器，回热器冷端表面接触经蒸发器冷却除湿后的低温空气，降低其冷端温度，回热器的冷端和热端相通，热端迅速接受由冷端释放的冷量至待处理的空气中，降低了进入蒸发器前的空气温度，冷端回收空气在热端处释放的热量，实现了待处理干空气的预加热[125]，然后进入冷凝器充分加热，冷凝器中的制冷剂冷凝液化放出的热量使干燥室内温度升高，湿度降低，达到干燥的目的。最终，室内气流一部分排至室外大气中，另一部分进行回收利用，经循环风机送至与新鲜空气交汇处，混合后进入热泵进行新一轮循环。

(2) 太阳能单独干燥过程：在太阳辐射很强的晴朗天气里，系统采用太阳能单独干燥。室外新鲜空气进入太阳能空气集热器，吸收太阳辐射能并加热至干燥温度后送入干燥室中，提供干燥所需的热量。

(3) 二者联合运行干燥过程：当太阳辐射不强或者干燥负载过大时，进入干燥室的气体温度低于作物干燥温度时，系统采用太阳能空气集热器-回热型空气源热泵联合运行干燥。联合干燥时，室外新鲜空气经热泵和太阳能空气集热器进行加热，当所需风量减少可通过流量调节阀进行调配，从太阳能空气集热器加热的空气并不直接进入干燥室，而是先进入冷凝器再加热，之后与由热泵加热的空气混合后再送入干燥室，提供干燥所需热量，使得干燥室温度升高，与花椒进行换热，花椒含水率降低从而达到干燥目的。最终，室内气流一部分排至室外大气中，另一部分进行回收利用，经循环风机送至与新鲜空气交汇处，再进入热泵进行新一轮循环。

8.2.2 太阳能空气集热器-除湿型热泵联合系统

太阳能空气集热器-除湿型热泵联合系统见图 8-2。

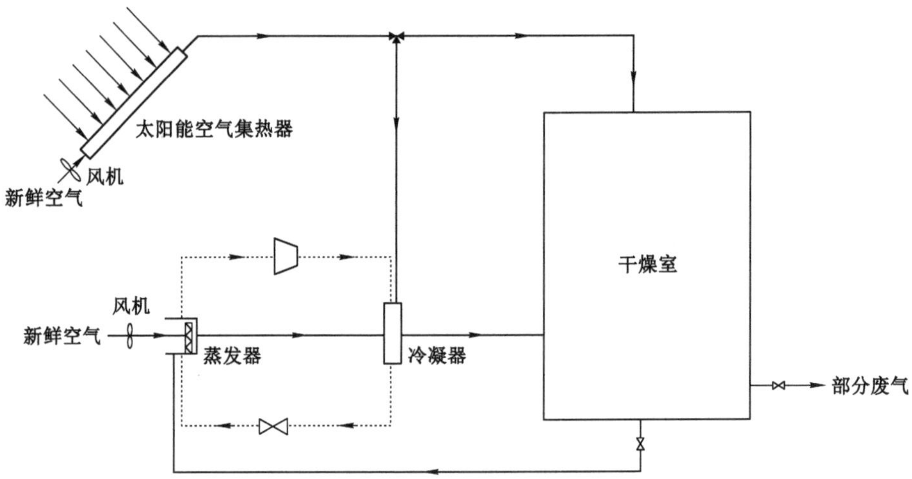

图 8-2　太阳能空气集热器-除湿型热泵联合系统

(1) 热泵单独干燥过程：在太阳辐射较弱(阴雨天或黑夜)，系统采用热泵单独干燥。室外新鲜空气与干燥室中产生的高温高湿的部分废气混合进入蒸发器达到除湿的效果，蒸发器吸取室外环境的热量将除湿后的空气送至冷凝器加热，其间制冷剂通过在压缩机中转化为高温高压的过热蒸汽，冷凝器中的制冷剂冷凝液化放出的热量使室内温度升高，达到干燥的目的。最终，室内气流一部分排至室外大气中，另一部分进行回收利用，经循环风机送至与新鲜空气交汇处，再进入热泵进行新一轮循环。

(2) 太阳能单独干燥过程：在太阳辐射很强的晴朗天气里，系统采用太阳能单独干燥。室外新鲜空气进入太阳能空气集热器，吸收太阳辐射能并加热至干燥温度后送入干燥室中，提供干燥所需的热量。

(3) 二者联合运行干燥过程：当太阳辐射不强或者干燥负载过大，进入干燥室的气体温度低于作物干燥温度时，系统采用太阳能空气集热器-除湿热泵联合运行。联合干燥时，新鲜空气经热泵和太阳能空气集热器进行加热，从太阳能空气集热器加热的空气并不直接进入干燥室，而是先进入冷凝器再加热，之后与由热泵加热的空气混合后再送入干燥室，提供干燥所需热量。最终，室内气流一部分排至室外大气中，另一部分进行回收利用，经循环风机送至与新鲜空气交汇处，再进入热泵进行新一轮循环。

8.2.3　太阳能空气集热器-转轮除湿型热泵联合系统

太阳能空气集热器-转轮除湿型热泵联合系统见图 8-3。

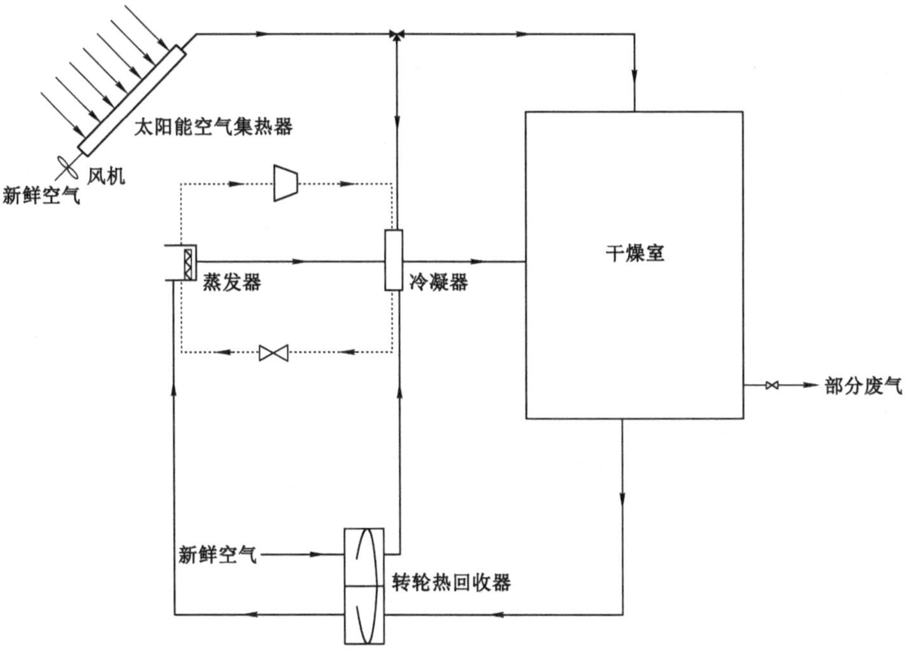

图 8-3　太阳能空气集热器-转轮除湿型热泵联合系统

(1) 热泵单独干燥过程：在太阳辐射较弱(阴雨天或黑夜)，太阳能空气集热器的空气出口温度低于干燥所设定的温度时，系统采用热泵单独干燥过程工作。一部分空气经转轮热回收器降温后进入空气源热泵的蒸发器中，为蒸发器内的制冷剂汽化提供潜热，并且完成废气的除湿。降温除湿后的废气与经转轮热回收器加热后的新鲜空气一并进入热泵冷凝器中吸收制冷剂冷凝放出的热量，完成再加热过程，直至达到干燥所需的温度，最后进入干燥室。

(2) 太阳能单独干燥过程：在太阳辐射很强的晴朗天气里，系统采用太阳能单独干燥。室外新鲜空气进入太阳能空气集热器，吸收太阳辐射能，直至集热器出口处的空气温度达到干燥温度后，经集热器加热后的空气被循环风机直接送入干燥室中，提供干燥所需热量。

(3) 二者联合干燥过程：当太阳辐射不强或者干燥负载过大时，进入干燥室的温度低于作物的干燥温度时，系统采用太阳能空气集热器-转轮除湿型热泵联合运行干燥。室外新鲜空气分别进入太阳能空气集热器和转轮热回收器，集热器吸收太阳辐射能，经集热器出口的热空气，不是直接通入干燥室，而是被热泵的冷凝器加热。废气经转轮热回收器降温后进入热泵蒸发器中，并且完成废气的除湿。降温除湿后的废气和转轮热回收器加热后的新鲜空气与太阳能集热器中的热空气混合在冷凝器中吸收制冷剂放出的热量，直至达到干燥温度，从而提供干燥所需的热量，既保证了干燥过程的稳定性又节省了能源。

8.3 干燥室设计

8.3.1 围护结构

干燥室总体结构包括干燥室仓体、物料盘、小推车、门、窗等。在此设计中，干燥室壁面的热损失较小，因此可将干燥室视为绝热。围护结构材料选择见表 8-1。

表 8-1 围护结构材料

部位	材料
外侧板	采用厚 1.2 mm 冷轧钢板，表面采用静电喷涂防锈漆
中间层	保温材料，可选优质矿岩隔热棉或玻璃纤维棉
内侧板	厚 1.2 mm 的镜面不锈钢
观察窗	干燥室门上设置观察窗，为玻璃窗，一般有钢化玻璃和镶嵌门上的普通玻璃
库门	双重式，外门用于隔热保温，内门为玻璃门，用于减少热量散失的情况下观察所烘干的花椒

8.3.2 干燥室烘干车、物料盘设计

日处理鲜花椒 5 t，鲜花椒堆积密度约为 0.4 t/m^3，干燥时铺厚平均 4 cm，则 5 t 鲜花椒铺房面积为 312.5 m^2。每个物料盘尺寸：长×宽＝1.2 m×0.6 m，则每个物料盘可铺放花椒面积为 0.72 m^2，质量约为 11.52 kg；若每个小推车装 10 个物料盘，合计铺放花椒面积 7.2 m^2，质量为 115.2 kg；因此可以推算出小推车的数量为 44 辆，设定物料盘上下间距为 20 cm，可以推算出小推车的尺寸为：长×宽×高＝1.4 m×0.8 m×2.3 m。根据小推车和加热风管的安装情况估算：干燥室面积为 123.2 m^2，即按照 11 行 4 列布置，且靠墙侧的小推车距离壁面为 0.3 m，每两台小推车的间距为 0.6 m，如图 8-4 所示，因此干燥室大小设计为：长×宽×高＝15.4 m×8.0 m×2.8 m，体积为 345 m^3；小推车及物料盘采用不锈钢或非金属材料制成，符合国家食品卫生要求，物料盘可用孔隙合适的钢丝网固定在木条框架上而成，实际应用中也可考虑用竹筛等代替。

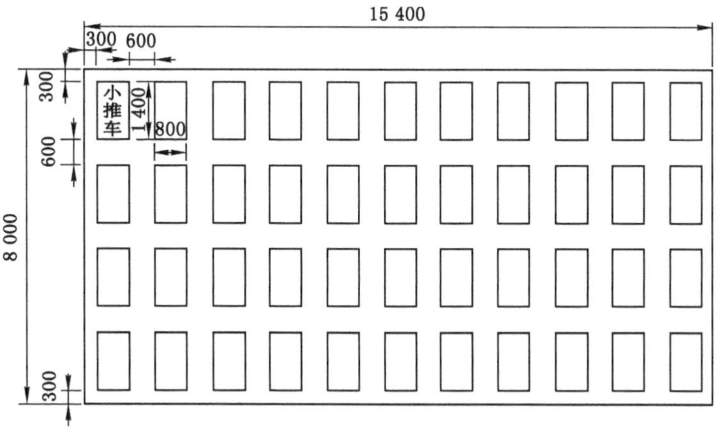

图 8-4 干燥室小推车位置分布图

8.4 花椒干燥负荷计算

8.4.1 干燥室设计参数

由于花椒性质独特，在干燥前期既不能温度过高，又不能来回翻动，以免花椒表皮干裂出油，从而影响花椒干燥品质。因此确定合理的烘干时间以及温度尤为重要。试验结果表明[126]，花椒烘干需要经历三个阶段。第一阶段是干燥室升温阶段，花椒表皮因水分蒸发而开始收缩。这一时期的温度应控制在 48 ℃，温度过低会延长干燥时间，从而造成能源的浪费，温度过高将影响花椒的品质。有研究表明[58]，烘干时间根据鲜湿花椒的含水量而定，一般在 4～5 h，本节定为 5 h，相对湿度定为 60%。第二阶段是高温保持阶段，当花椒因收缩导致微裂口时，开始升温至 68 ℃，此阶段干燥速度变缓，干燥时间一般为 2～3 h，本节定为 3 h，相对湿度定为 40%。第三阶段是降速阶段，该阶段缓慢降温，当室内温度降至 50 ℃以下，确认花椒的干燥程度，当花椒达到干燥要求时，即可取出。

本节主要对 5 t 花椒进行干燥，其初始含水率为 80%，经干燥以后，含水率降至 10%。由于鲜花椒的水分大量流失的主要阶段为第一阶段，因此假设第一阶段除去的水分是总除湿量的 75%，第二阶段的占总除湿量的 20%，第三阶段的占比 5%。设计参数见表 8-2。

表 8-2 花椒烘干室各阶段设计参数

干燥阶段	温度/℃	时间/h	相对湿度/%
升温阶段	48	5	60
高温保持阶段	68	3	40
降速阶段	50 以下	2	/

8.4.2 物料热质衡算

(1) 除湿量

干燥的花椒除湿量 G_w 为：

$$G_w = \frac{M_1(W_1 - W_2)}{1 - W_2} \tag{8-1}$$

式中　G_w——除湿量，kg；

M_1——物料质量，kg；

W_1——物料的初始含水率，80%；

W_2——物料干燥后的含水率，10%。

$$G_w = \frac{5\ 000 \times (0.8 - 0.1)}{1 - 0.1} = 3\ 888.89\ (\text{kg})$$

花椒干燥的除湿量为 3 888.89 kg，其中第一阶段除湿占总除湿量的 75%，第一阶段除湿量 2 916.67 kg；第二阶段除湿占总除湿量的 20%，第二阶段的除湿量 777.78 kg，第三阶段除湿占总除湿量的 5%，第三阶段的除湿量 194.44 kg。

(2) 干燥热负荷和湿负荷

花椒干燥热负荷的计算主要在升温和高温保持阶段。干燥室空仓温度为 28 ℃。

① 显热负荷 Q_1：

$$Q_1 = m\frac{c_{p1} + c_{p2}}{2}(T_2 - T_1)/3\ 600 \tag{8-2}$$

式中　m——干燥物料的质量流量，kg/h；

c_{p1}——花椒的比定压热容，由经验公式得 2.514 kJ/(kg·K)；

c_{p2}——水的比定压热容，查物性参数表可知，该值为 4.190 kJ/(kg·K)；

T_1——干燥前室内平均温度，℃，本节升温阶段取 28 ℃，高温保持阶段取 48 ℃；

T_2——干燥后室内平均温度，℃，本节中升温阶段取 48 ℃，高温保持阶段取 68 ℃。

本节中升温阶段，花椒质量流量为 5 000 kg/5 h=1 000 kg/h；高温保持阶段，花椒质量流量为(5 000−2 916.67)kg/3 h=694.44 kg/h。

升温阶段显热负荷：

$$Q_1 = 1\ 000 \times \frac{2.514 + 4.190}{2}(48 - 28)/3\ 600 = 18.62\ (\text{kW})$$

高温保持阶段：

$$Q_1 = 694.44 \times \frac{2.514 + 4.190}{2}(68 - 48)/3\ 600 = 12.93\ (\text{kW})$$

② 潜热负荷 Q_2：

$$Q_2 = m_s \cdot \gamma/3\ 600 \tag{8-3}$$

式中　m_s——物料每小时的水分蒸发量，kg/h；

γ——水的汽化潜热，kJ/kg，查物性表可知，48 ℃时 γ=2 386.7 kJ/kg，68 ℃时 γ=2 338.02 kJ/kg。

升温阶段，花椒水分蒸发量为 2 916.67 kg/5 h=583.33 kg/h，高温保持阶段，花椒水分蒸发量为 777.78 kg/3 h=259.26 kg/h。

升温阶段：

$$Q_2 = 583.33 \times 2\ 386.7/3\ 600 = 386.73\ (\text{kW})$$

高温保持阶段：

$$Q_2 = 259.26 \times 2\ 338.02/3\ 600 = 168.38\ (\text{kW})$$

由于干燥室壁面为绝热，在干燥过程中热损失较小，这部分热负荷可忽略不计。因此，干燥过程中总的热负荷 Q 可由下述公式得出：

$$Q = Q_1 + Q_2 \tag{8-4}$$

联立式(8-2)、式(8-3)和式(8-4)可得，升温阶段总的热负荷为 405.35 kW，高温保持阶段总的热负荷为 181.31 kW，由于干燥物料是吸热过程，热负荷取负值。

湿负荷 W 即为物料单位时间的水分蒸发量。由上述可知，升温阶段湿负荷为 583.33 kg/h(0.162 kg/s)，高温保持阶段湿负荷为 259.26 kg/h(0.072 kg/s)。

(3) 送风量

升温阶段，保证干燥室内温度 48 ℃，相对湿度 60%。取 15 ℃送风温差，则送风温度为 63 ℃，密度为 1.05 kg/m^3。热湿比 $\varepsilon_1 = Q/W = -405.35/0.162 = -2\ 502.2$，查焓湿图可得，干燥室内空气状态参数为温度 $T_{N1} = 48$ ℃，相对湿度 $\varphi_{N1} = 60\%$，干基含湿量 $d_{N1} = 44.07$ g/kg，焓(干基)$h_{N1} = 160.45$ kJ/kg；送风状态参数为温度 $T_{O1} = 63$ ℃，相对湿度 $\varphi_{O1} = 27\%$，干基含湿量 $d_{O1} = 38.80$ g/kg，焓(干基)$h_{O1} = 167.45$ kJ/kg。

高温保持阶段，保证干燥室内温度为 68 ℃，相对湿度为 40%。取 15 ℃的送风温差，则送风温度为 83 ℃，热湿比 $\varepsilon_2 = Q/W = -181.31/0.072 = -2\ 518.2$，查焓湿图可得，干燥室内空气状态参数为温度 $T_{N2} = 68$ ℃，相对湿度 $\varphi_{N2} = 40\%$，干基含湿量 $d_{N2} = 79.14$ g/kg，焓(干基)$h_{N2} = 276.4$ kJ/kg；送风状态参数为温度 $T_{O2} = 83$ ℃，相对湿度 $\varphi_{O2} = 17\%$，干基含湿量 $d_{O2} = 74.1$ g/kg，焓(干基)$h_{O2} = 288.0$ kJ/kg。

各阶段送风量 G：

$$G = \frac{Q}{h_O - h_N} = \frac{W}{d_N - d_O} \tag{8-5}$$

由式(8-5)得，升温阶段送风量 $G_1 = 405.35$ kW/(167.45−160.45) kJ/kg=57.9 kg/s，高温保持阶段送风量 $G_2 = 181.31$ kW/(288.0−276.4) kJ/kg=15.6 kg/s。

(4) 干燥室热量计算

花椒干燥为等焓干燥过程(理想干燥)，干燥介质放出的显热完全用于花椒干燥蒸发水分所需的潜热，而水蒸气又把这部分潜热带回到空气中去，所以干燥介质进出干燥室的焓值保持不变。干燥室内的热量衡算公式如下：

$$\frac{G_{出}}{W} c_{p1}\theta_1 + c_{p2}\theta_1 + lh_0 + q_D = \frac{G_{出}}{W} c_{p1}\theta_2 + lh_c + q_L \tag{8-6}$$

经变换可得：

$$q_D = l(h_c - h_0) + \frac{G_{出}}{W} c_{p1}(\theta_2 - \theta_1) + q_L - c_{p2}\theta_1 \tag{8-7}$$

式中　$G_{出}$——出干燥室的物料质量，kg/s；

θ_1, θ_2——物料进、出干燥室时的温度，℃；

l——比空气用量，kg/kg；

q_D——干燥室补充的热量，kJ/kg；

h_0, h_c——进、出干燥室的干燥介质的焓值，kJ/kg；

q_L——干燥室内热损失，kJ，因干燥室向外界环境散热量很小，故忽略不计。

比空气用量 l 由下式可得：

$$l = \frac{1}{d_c - d_x} = \frac{1}{d_c - d_0} \tag{8-8}$$

式中　d_x——室外新鲜空气的湿度，g/kg；

d_0，d_c——空气进、出干燥室的湿度，g/kg。

联立式(8-7)和式(8-8)可得：

$$\frac{h_c - h_0}{d_c - d_0} = c_{p2}\theta_1 + q_D - \frac{G_{出}}{W}c_{p1}(\theta_2 - \theta_1) - q_L \tag{8-9}$$

由于花椒干燥为等焓过程，那么 $h_0 = h_c$，所以 $c_{p2}\theta_1 = 0$，即湿物料中汽化水分带入热量很少；$q_D = 0$，即干燥室中不补充热量；$\frac{G_{出}}{W}c_{p1}(\theta_2 - \theta_1) = 0$，即湿物料温度恒定，$\theta_1 = \theta_2$；$q_L = 0$，即干燥室热损失很小，忽略不计。

(5) 干燥介质出口状态确定

根据上节所述的热量衡算，可由下列公式确定干燥介质出口状态参数 h_c 和 d_c：

等焓干燥时：

$$h_c = h_0 \tag{8-10}$$

$$h_c = (1.01 + 1.88\,d_c)T_c + 2\,492\,d_c \tag{8-11}$$

式中　T_c——从干燥室排出的干燥介质温度，℃。

由于花椒在持续干燥的状态下也在不断地排出废气，因此升温阶段与高温保持阶段排出干燥室的空气温度与花椒干燥温度相同，分别为 48、68 ℃。

联立式(8-10)和式(8-11)并查焓湿图可得各阶段排出干燥室的空气状态参数，见表 8-3。

表 8-3　各阶段排出空气状态参数

阶段过程	T_c/℃	φ_c/%	d_c/(g·kg^{-1})	h_c/(kJ·kg^{-1})
第一阶段	48	62	45.8	166.7
第二阶段	68	40	82.4	284.6

8.5 设备选型

8.5.1 系统一设备选型

花椒的收成季节主要在 8、9 月份，西安地区的室外新鲜空气的状态参数为：夏季室外新鲜空气温度 T_x=30.7 ℃，夏季室外新鲜空气相对湿度 φ_x=54%，夏季室外新鲜空气干基含湿量 d_x=15 g/kg，夏季室外新鲜空气焓值 h_x=69.26 kJ/kg。各个系统干燥设备的选型按照最不利情况选择，本节主要按照第一阶段脱水量最大的干燥过程进行选型。

(1) 太阳能空气集热器

本设计采用全玻璃真空管式太阳能空气集热器，传热介质为空气，太阳光透过外玻璃照射到集热器内管的吸热体上使内管表面升温，接着加热管内空气，当空气温度达到干燥所需温度时，再通过风机输送至干燥室内。对太阳能空气集热器选型时，应按照最不利情况进行选型，即按照太阳能单独运行时进行计算选型，此处按第一阶段升温干燥阶段进行计算。

根据经验可得：1 m^3空气升温 1 ℃需要 1 300 J 的热量，西安冬季室外计算温度按$T'=-4$ ℃计算，其消耗的热量为：

$$Q' = 1\ 300(T_{N_{max}} - T')V/1\ 000 \tag{8-12}$$

式中 Q'——干燥室所消耗的热量，kJ；

$T_{N_{max}}$——干燥室内最高空气温度，68 ℃；

T'——冬季室外计算温度，−4 ℃；

V——干燥室体积，由 8.3.2 小节可知为 345 m^3。

$$Q' = 1\ 300 \times (68+4) \times 345/1\ 000 = 32\ 292\ (kJ)$$

太阳能空气集热器一天工作设定需要消耗 450 kJ，因此真空管总面积：

$$A_c = \frac{Q'}{450} \tag{8-13}$$

由公式(8-13)可以得出：$A_c=71.76$ m^2。

一根真空管的面积为 0.085 m^2，因此需要用到 845 根真空管，太阳能空气集热器不消耗电量，与之匹配的风机需要用电，风机功率为 370 W。

(2) 热泵

① 热湿过程

对热泵进行选型时，按照热泵单独干燥模式选择。第一阶段即恒速升温干燥阶段，干燥室中的花椒进行干燥的同时也在不断地向室外排出废气，并且引进新鲜空气。回热器冷端表面接触经蒸发器冷却除湿后的低温空气，降低其冷端温度，回热器的冷端和热端相通，热端迅速接受由冷端释放的冷量至待处理的空气中，降低了进入蒸发器前的空气温度。由 8.4.2 小节可知，第一阶段干燥所需风量为 $G_1=57.9$ kg/s。热泵蒸发器热回收的废气为 $\frac{1}{3}G_1=19.3$ kg/s，室外新鲜空气占$\frac{2}{3}G_1=38.6$ kg/s 时，干燥效果较好[127]。$\frac{2}{3}G_1$ 的室外新风（温度 30.7 ℃，相对湿度 54%，W 点）与$\frac{1}{3}G_1$ 的废气（温度 48 ℃，相对湿度 62%，N 点）混合，焓湿图见图 8-5，根据下列公式[58]：

$$h_0 = \frac{G_W h_W + G_N h_N}{G_W + G_N} \tag{8-14}$$

$$d_0 = \frac{G_W d_W + G_N d_N}{G_W + G_N} \tag{8-15}$$

式中 G_W，G_N——干燥所需新鲜空气的空气量和回收干燥室中的废气量，kg/s；

h_W，h_N——W 点、N 点的焓值，kJ/kg；

d_W，d_N——W 点、N 点的干基含湿量，g/kg。

$$h_0 = \frac{G_W h_W + G_N h_N}{G_W + G_N} = \frac{38.6 \times 69.26 + 19.3 \times 167.45}{57.9} = 102\ (kJ/kg)$$

$$d_0 = \frac{G_W d_W + G_N d_N}{G_W + G_N} = \frac{38.6 \times 15 + 19.3 \times 45.8}{57.9} = 25.27\ (g/kg)$$

混合空气（点 0）的状态参数为：$d_0=25.27$ g/kg，$h_0=102$ kJ/kg，通过查焓湿图得出 $T_0=36.5$ ℃，$\varphi_0=64.6\%$。

混合空气（点 0）进入蒸发器后降温至露点（$T_d=28.76$ ℃，点 1），继续降温则开始冷凝除

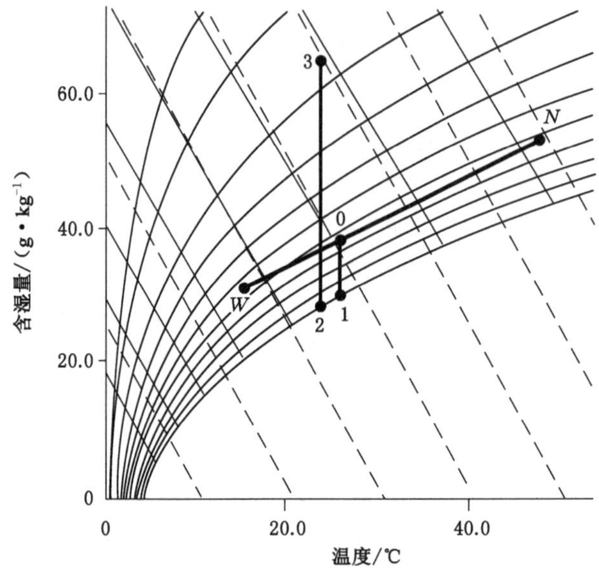

图 8-5　系统一热泵空气处理焓湿图

湿(点 1～点 2),除去的水量约为此阶段干燥脱水量的 1/3。根据下式计算相应状态参数[128]：

$$G = 1\,000\,M_r/(d_1 - d_2) \tag{8-16}$$

式中　G——干燥所需循环风量,此处取 57.9 kg/s;

M_r——脱水量,kg/s,此处取第一阶段的 1/3,即 0.054 kg/s;

d_1,d_2——除湿前、后空气的干基含湿量,g/kg。

$G=\dfrac{1\,000\,M_r}{d_1-d_2}=\dfrac{1\,000\times 0.054}{25.27-d_2}=57.9$ kg/s,从而可以求出 $d_2=24.34$ g/kg。

降温除湿后的混合空气(点 2)进入冷凝器中进行等湿加热,直至达到干燥温度(点 3),进入干燥室(室内点)。各个点的空气状态参数见表 8-4。

表 8-4　系统一中空气进出热泵蒸发器与冷凝器的状态参数表

热泵设备	状态点	热湿过程	温度/℃	相对湿度/%	干基含湿量/(g·kg⁻¹)	焓值/(kJ·kg⁻¹)
蒸发器	点 0	进蒸发器	36.5	64.6	25.27	102
	点 1	冷却至露点	28.76	100	25.25	93.43
	点 1～点 2	冷凝除湿	由公式(8-16)得,点 2 的干基含湿量为 24.34 g/kg			
	点 2	出蒸发器	28.15	100	24.34	90.47
冷凝器	点 2	进冷凝器	28.15	100	24.34	90.47
	点 3	出冷凝器	63	16.2	24.34	127.1

② 冷凝器

制冷循环冷凝温度可按照空气离开冷凝器时的温度再加 10 ℃来取值,取过热度为 5 ℃[129]。因此,系统热泵单独干燥时冷凝温度为 73 ℃。根据下式计算冷凝器传热面积[130]：

$$\Delta T_{\mathrm{L}}=\frac{T_3-T_2}{\ln\dfrac{T_{\mathrm{k}}-T_2}{T_{\mathrm{k}}-T_3}} \tag{8-17}$$

$$F_{\mathrm{L}}=\frac{Q_{\mathrm{L}}}{K_{\mathrm{L}}\Delta t_{\mathrm{L}}} \tag{8-18}$$

式中 ΔT_{L}——冷凝器的平均对数温差，℃；

T_2，T_3——空气进、出冷凝器的温度，℃；

T_{k}——冷凝温度，℃；

F_{L}——冷凝器所需传热面积，$\mathrm{m^2}$；

Q_{L}——最大排湿阶段热泵需提供热量，此处为 405.35 kW；

K_{L}——冷凝器的传热系数，取 30 W/($\mathrm{m^2}$·℃)；

$$\Delta T_{\mathrm{L}}=\frac{63-28.15}{\ln\dfrac{73-28.15}{73-63}}=23.2\ (℃)$$

$$F_{\mathrm{L}}=\frac{405.35\times10^3}{30\times23.2}=582\ (\mathrm{m^2})$$

因此，冷凝器传热面积为 582 $\mathrm{m^2}$。

③ 蒸发器

蒸发温度可按空气经蒸发器冷凝除湿后的温度再减去 10 ℃取值，过冷度取 5 ℃[131]。因此，热泵单独干燥时，蒸发温度为 18.15 ℃。可根据下列公式计算除湿蒸发器的面积：

$$\Delta T_z=\frac{T_0-T_2}{\ln\dfrac{T_0-T_{\mathrm{ev}}}{T_2-T_{\mathrm{ev}}}} \tag{8-19}$$

$$Q_z=M_{\mathrm{a}}\,c_p(T_0-T_2)+M_{\mathrm{w}}\cdot\gamma \tag{8-20}$$

$$F_z=\frac{Q_z}{K_z\,\Delta t_z} \tag{8-21}$$

式中 ΔT_z——蒸发器的平均对数温差，℃；

T_0，T_2——空气进、出蒸发器的温度，℃；

T_{ev}——蒸发温度，℃；

Q_z——循环空气在蒸发器中的放热量，kW，包括空气降温除湿的显热和水蒸气冷凝除湿的潜热；

M_{a}——循环空气量，kg/s；

c_p——空气比定压热容，查物性参数表，取 1.013 kJ/(kg·K)；

M_{w}——除去水分的量，kg/s，此处取升温阶段 1/3 脱水量；

γ——水的汽化潜热，查物性参数表，36.5 ℃时水的汽化潜热为 2 414.2 kJ/kg；

K_z——蒸发器的传热系数，取 35 W/($\mathrm{m^2}$·℃)；

F_z——蒸发器所需传热面积，$\mathrm{m^2}$。

$$\Delta T_z=\frac{36.5-28.15}{\ln\dfrac{36.5-18.15}{28.15-18.15}}=13.8\ (℃)$$

$$Q_z = 19.3 \times 1.013 \times 8.35 + 0.162 \times 2\ 414.2 = 554\ (\mathrm{kW})$$

$$F_z = \frac{554 \times 10^3}{35 \times 13.8} = 1\ 147\ (\mathrm{m^2})$$

因此，蒸发器的传热面积为 1 147 m^2。

可并联几个蒸发器，通过改变蒸发器的个数来调节蒸发器的面积[131]。

④ 回热器

回热器对干燥室中部分回收利用的高温高湿空气进行预冷，使其快速达到冷凝条件，当空气通过蒸发器时则能充分冷凝。对回热器来说，它是由冷端和热端共同组成的，但是热端是吸收冷端的量，冷端使得进入热泵蒸发器的焓值降低，冷端放出的热量是被蒸发器出口段热端所吸收的，所以冷端的产热量不是有效的制热量。此过程增大了蒸发器吸收的潜热，也提高了蒸发器的除湿能力。

⑤ 压缩机

热泵工作实际上利用的是冷凝器散发的热量，对于干燥而言，冷凝器散发的热量就是有效能。以 R134a 为热泵系统中的制冷剂，蒸发器中低温低压的制冷剂吸收室外新鲜空气和废气中的热能变成制冷剂蒸气，再经过压缩机等熵压缩成为高温高压的过热蒸气，经冷凝器冷端转化为制冷剂液体，再经节流阀等焓节流至低温低压制冷剂液体，实现制冷剂的循环。

由前面叙述可知，热泵蒸发温度为 18.15 ℃，即 1 点温度 $T_1 = 18.15$ ℃，压力 $P_1 = 0.54$ MPa，焓值 $h_1 = 408.69$ kJ/kg。取过热度为 5 ℃，则 1′点温度 $T_{1'} = 23.15$ ℃，焓值 $h_{1'} = 415$ kJ/kg。冷凝温度 $T_3 = 73$ ℃，压力 $P_3 = 2.26$ MPa，焓值 $h_3 = 310$ kJ/kg。过冷度取 5 ℃，则 $T_{3'} = 68$ ℃，焓值 $h_{3'} = 300.84$ kJ/kg，由于点 3′～4 为绝热过程，所以 $h_{3'} = h_4 = 300.84$ kJ/kg。因点 1′～2 为等熵压缩过程，查 R134a 的压焓图，见图 8-6，2 点的焓值 $h_2 = 446$ kJ/kg。

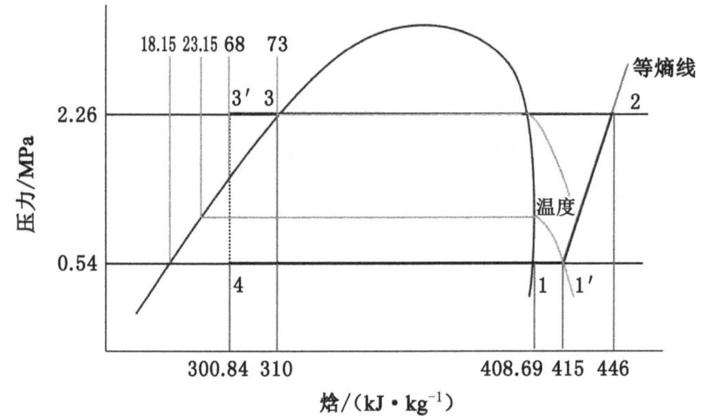

图 8-6 系统一压焓示意图

根据下列公式进行理论计算：

$$m_r = \frac{Q}{h_2 - h_3} \tag{8-22}$$

$$w_0 = h_2 - h_{1'} \tag{8-23}$$

$$P_0 = m_r \cdot w_0 \tag{8-24}$$

$$\mathrm{COP}=\frac{h_2-h_3{}'}{h_2-h_1{}'} \tag{8-25}$$

式中 m_r ——制冷剂循环量，kg/s，此处为 2.98 kg/s；

Q ——热泵制热量，此处 405.35 kW；

w_0 ——压缩机单位功，kJ/kg，此处为 31 kJ/kg；

P_0 ——压缩机单位功率，kW；

COP ——热泵的理论供热系数，也是热泵的性能系数；

Q_0 ——热泵制冷量，kW。

联立式(8-22)～式(8-24)得，压缩机的理论消耗功率为 92.4 kW，即 126 匹。由式(8-25)可知，热泵的供热系数为 4.68，选型设备见表 8-5。

表 8-5 系统一设备选型

设备名称	机型尺寸/(mm×mm×mm)	台数	单价/元	热泵总价/万元
钣金 V 型 2 排冷凝器(50 匹)	1 990×1 690×2 100	2	19 900	20.18
钣金 V 型 3 排冷凝器(15 匹)	1 500×800×1 515	1	5 850	
钣金 L 型双排冷凝器(12 匹)	1 425×730×1 350	1	4 750	
钣金 V 型 3 排蒸发器(50 匹)	1 990×1 690×2 100	2	22 500	
钣金 V 型 2 排蒸发器(15 匹)	1 500×800×1 515	1	5 150	
钣金 L 型双排蒸发器(12 匹)	1 425×730×1 350	1	4 750	
开山牌螺杆空气压缩机(145 匹)	2 410×1 300×1 670	1	53 000	
回热器	4 000×4 000×4 000	1	43 500	

8.5.2 系统二设备选型

太阳能空气集热器、热泵选型同系统一。在热泵系统中，若存在过热需考虑其为有效过热还是无效过热，有效过热发生在蒸发器中；由于冷凝器吸收的是室外的热量，该系统的过热为无效过热。无效过热发生在压缩机的吸气管路中，会造成压缩机耗功率增加。经计算，压缩机理论消耗功率为 104.4 kW，即 142 匹。由式(8-25)可知，热泵的供热系数为 3.89。设备选型见表 8-6。

表 8-6 系统二设备选型

设备名称	机型尺寸/(mm×mm×mm)	台数	单价/元	热泵总价/万元
钣金 V 型 2 排冷凝器(50 匹)	1 990×1 690×2 100	2	19 900	17.19
钣金 V 型 3 排冷凝器(30 匹)	1 260×650×1 515	1	12 300	
钣金 L 型双排冷凝器(12 匹)	1 425×730×1 350	1	4 750	
钣金 V 型 3 排蒸发器(50 匹)	1 990×1 690×2 100	2	22 500	
钣金 V 型 3 排蒸发器(30 匹)	1 260×650×1 515	1	12 300	
钣金 L 型双排蒸发器(12 匹)	1 425×730×1 350	1	4 750	
开山牌螺杆空气压缩机(145 匹)	2 410×1 300×1 670	1	53 000	

8.5.3 系统三设备选型

(1) 太阳能空气集热器

太阳能单独干燥时，对集热器进行选型。此系统中集热器选型计算方法与 8.5.1 小节中一致，因此需要 845 根全玻璃真空集热管。太阳能空气集热器不消耗电量，与之匹配的风机需要用电，风机功率为 370 W。

(2) 转轮热回收器

转轮式热回收器为外形像圆盘，内部填充了一定数量的蜂巢状芯材的空气-空气换热器。转轮式热回收器具有能回收显热也能回收潜热的特点，并且其处理的风量范围很大，既能处理小风量除湿也能处理大风量除湿。此系统主要利用转轮热回收器回收显热，因此通过显热换热，在含湿量为常数的情况下，使温度升高，相对湿度相应降低。对转轮热回收器进行选型时，选择花椒干燥的升温阶段进行计算。热效率的表达公式如下：

$$\eta = \frac{T_{a1} - T_{a2}}{T_{a1} - T_{a3}} = \frac{T_{a3} - T_{a4}}{T_{a3} - T_{a1}} \tag{8-26}$$

式中 η——显热效率，此处取 80%[132]；

T_{a1}，T_{a2}——新鲜空气进、出热回收器时的温度，℃；

T_{a3}，T_{a4}——废气进、出热回收器时的温度，℃。

$$\eta = \frac{30.7 - T_{a2}}{30.7 - 48} = \frac{48 - T_{a4}}{48 - 30.7} = 0.8$$

$$T_{a2} = 44.5\ ℃, T_{a4} = 34.2\ ℃$$

新鲜空气和废气进入转轮热回收器时温度分别为 30.7 ℃和 48 ℃。由式(8-26)可得，新鲜空气和废气出热回收器时的温度分别为 44.5 ℃和 34.2 ℃。转轮热回收风量为升温阶段干燥室排出废气量的 1/3 时，干燥效果较好。选择 ZLX-4400 型号，风速为 2.5 m/s，功率为 0.75 kW，电源 380 V、50 Hz。

(3) 热泵

① 热湿过程

与上述 8.5.1 小节同理，为保证正常运行，需按照最不利情况进行选型，即热泵单独干燥过程。转轮热回收器回收来自干燥室的一部分废气，废气进入转轮的下半部分，将热量释放给转轮后进入蒸发器，为蒸发器中的制冷剂汽化提供潜热，从而完成除湿。同时，新鲜空气进入转轮的上半部分，回收废气时所释放的热量被新鲜空气吸收，实现新鲜空气的预热，而后进入冷凝器中。经热泵蒸发器降温除湿的废气与吸收废气热量的新鲜空气在冷凝器中混合再加热，最终送入干燥室。进入蒸发器的是$\frac{1}{3}G_1$的换过热的废气(温度 34.2 ℃，相对湿度 98.2%)，进入冷凝器的为$\frac{1}{3}G_1$的经蒸发器降温除湿后的废气(温度 33.9 ℃，相对湿度 100%)和$\frac{2}{3}G_1$的加热的新鲜空气(M 点，温度 44.5 ℃，相对湿度 25%)。因此，经过混合处理知，进入冷凝器的混合空气状态参数为$T_{2'}=40$ ℃，$\varphi_{2'}=46\%$，$d_{2'}=21.4$ g/kg，$h_{2'}=95.8$ kJ/kg。

换热后的部分废气进入热泵蒸发器后(点 0)，然后降温至露点(点 1)，继续冷却则开始冷凝除湿(点 1～点 2)，除去的水量近似为此阶段干燥脱水量的 1/3。降温除湿后的废气(点 2)与加热过后的新鲜空气(热新风点)混合(点 2′)进入冷凝器中进行等湿加热，直至达到干燥温度(送风点 3)，送入干燥室(室内点)。

各个点的空气状态参数见表 8-7,焓湿图见图 8-7。

表 8-7　系统三中空气进出热泵蒸发器与冷凝器的状态参数表

热泵设备	状态点	热湿过程	温度/℃	相对湿度/%	干基含湿量/(g·kg^{-1})	焓值/(kJ·kg^{-1})
蒸发器	点 0	进蒸发器	34.2	98.2	45.8	151.86
	点 1	冷却至露点	33.9	100	34.29	122.02
	点 1～点 2	冷凝除湿	根据公式(8-16),点 2 的干基含湿量为 31.49 g/kg			
	点 2	出蒸发器	32.46	100	31.49	113.31
冷凝器	点 2′	进冷凝器	40	46	21.4	95.8
	点 3	出冷凝器	63	14.3	21.4	119.41

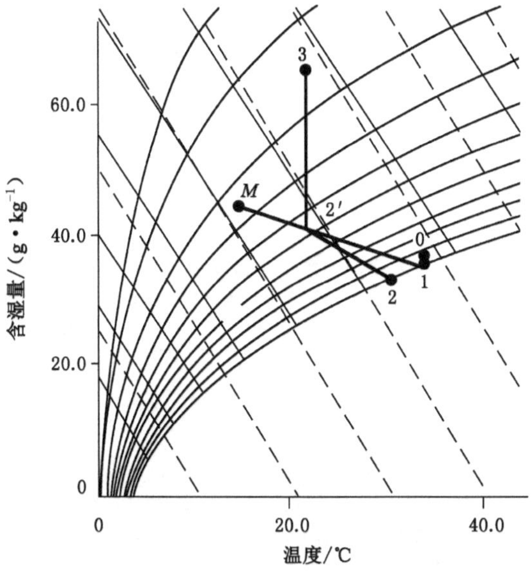

图 8-7　系统三热泵空气处理焓湿图

② 冷凝器

根据 8.5.1 小节,因此,热泵单独干燥时,冷凝温度为 73 ℃。再根据式(8-17)～式(8-18)最终算得冷凝器的传热面积为 701.5 m^2。

③ 蒸发器

根据 8.5.1 小节,热泵单独干燥时,蒸发温度取 22.46 ℃。再根据式(8-19)～式(8-21)得出蒸发器的传热面积为 803 m^2。

④ 压缩机

根据 8.5.1 小节,热泵蒸发温度为 22.46 ℃,即 1 点温度 T_1 = 22.46 ℃,压力 P_1 = 0.63 MPa,焓值 h_1=411.5 kJ/kg。取过热度为 5 ℃,则 1′点温度 $T_{1'}$ =27.46 ℃,焓值 $h_{1'}$ =

418 kJ/kg。冷凝温度T_3=73 ℃，压力P_3=2.26 MPa，焓值h_3=310 kJ/kg。过冷度取5 ℃，则$T_{3'}$=68 ℃，$h_{3'}$=300.84 kJ/kg，由于点3′～4为绝热过程，所以$h_{3'}=h_4$=300.84 kJ/kg。由T_3=73 ℃，点1′～2为等熵压缩过程，查R134a的压焓图，2点的焓值h_2=444 kJ/kg，见图8-8。

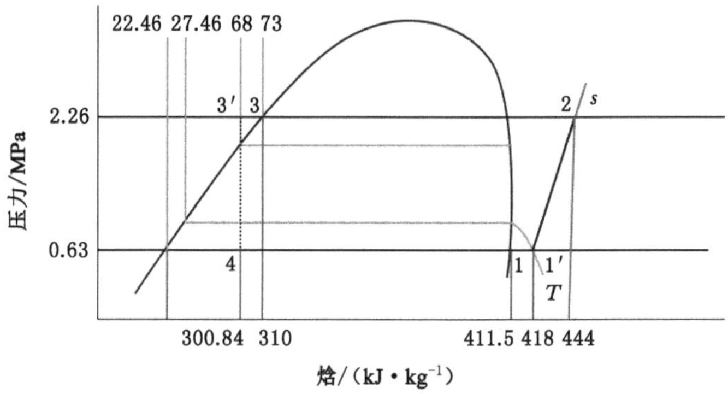

图8-8　系统三压焓示意图

根据式(8-22)～式(8-24)得，m_r=2.8 kg/s，w_0=26 kJ/kg。压缩机的理论消耗功率为73.6 kW，即100匹。由式(8-25)可知，热泵的供热系数为5.51。

系统三设备选型见表8-8。

表8-8　系统三设备选型

设备名称	机型尺寸/(mm×mm×mm)	台数	单台价格/元	热泵总价/万元
钣金V型3排冷凝器(50匹)	1 990×1 690×2 100	2	22 500	20.16
钣金V型3排蒸发器(50匹)	1 990×1 690×2 100	2	22 500	
开山牌螺杆空气压缩机(145匹)	2 410×1 300×1 670	1	53 000	
转轮热回收器	—(型号ZLX-4400)	1	58 600	

8.6　经济与社会效益

8.6.1　经济性分析

支出费用计算如下式：

$$支出费用=电费+人工费+维修费 \tag{8-27}$$

(1) 电费

耗电量计算如下式：

$$耗电量=功率\times时间 \tag{8-28}$$

各系统能耗分析见表8-9。

表 8-9 各系统能耗分析表

系统	COP	压缩机功率/kW	压缩机 80 d 耗电量/(kW·h)	压缩机电费/元	风机 80 d 耗电量(2 台)/(kW·h)	风机电费/元	电费总计/万元
系统一	4.68	92.4	73 920	44 352	592	355.2	4.47
系统二	3.89	104.4	83 520	50 112			5.05
系统三	5.51	73.6	58 880	35 328			3.57

注:设备按每天工作 10 h 计算。

工业工厂平均电价为 0.6 元/(kW·h),此计算按照热泵单独工作时最大耗电量进行计算,如表 8-9 所列;若加上太阳能辅助热泵进行物料干燥,太阳能空气集热器仅消耗风机电量,而太阳能吸收太阳辐射所供给的热量,太阳能是免费的,风机功率为 370 W,因此,太阳能空气集热器联合热泵运行时会降低其耗电量,能够节省电费的支出,二者的有机结合会更大程度地做到节能,并降低运行费用,对于三个系统的能耗比而言,太阳能空气集热器的型号相同,热泵制热的方式不同,由表 8-9 可以看出,太阳能空气集热器联合转轮除湿型热泵的能效比最高,节能效果最好。

(2) 人工费:定工作人员为 3 人,日工资 100 元,一个月按 30 d 计,80 d 一共 2.4 万元。

(3) 维修费:按照设备费用的 6%计算。

总结见表 8-10。

表 8-10 干燥相同质量花椒支出表 单位:万元

系统	80 d 电费	80 d 人工费	维修费	设备费	支出费用	总支出
系统一	4.47	2.4	1.21	20.18	8.08	28.26
系统二	5.05		1.03	17.19	8.48	25.67
系统三	3.57		1.21	20.16	7.18	27.34

由表 8-10 可以看出系统二支出最低,系统三次之。

8.6.2 社会效益

我国是农业大国,促进农业机械化发展对推动农业生产力起积极作用,能够有效体现其社会效益。由于花椒常以晾晒的方式进行干燥,既增加了人工成本,又无法达到大批量生产,且由于天气状况不稳定,很难精准控制物料的质量,局限性很大。因此,利用太阳能辅助热泵干燥的技术,既能解放劳动力,又能够更大程度地扩大规模,提高生产效率,还不受天气因素的影响,同时缓解了农村青壮年劳动力不足的问题。同时,根据花椒的自身特性,经过三个干燥阶段,即升温阶段、干燥保持阶段和收尾阶段,能够有效防止油苞破裂,通过调节每个阶段的温度及时间能更好地提升花椒的品质,避免花椒的霉变,降低经济损失。该技术的应用范围很广泛,不仅可用于花椒的干燥,还能用于其他农产品的干燥。采用机械化控制技术,能够为国家粮食产业提供巨大的帮助。

参考文献

[1] JAFARI S M, AZIZI D, MIRZAEI H, et al. Comparing quality characteristics of oven-dried and refractance window-dried kiwifruits[J]. Journal of food processing and preservation, 2016, 40(3): 362-372.

[2] DEFRAEYE T. Advanced computational modelling for drying processes: a review[J]. Applied energy, 2014, 131: 323-344.

[3] 陶斌斌. 多孔介质对流干燥传热传质机理的研究及其数值模拟[D]. 天津:河北工业大学, 2004.

[4] SHERWOOD T K. Application of theoretical diffusion equation to the drying of solids[J]. Transactions of the Institution of Chemical Engineers, 1931, 27: 190-202.

[5] LUIKOV A V. Systems of differential equations of heat and mass transfer in capillary-porous bodies (review)[J]. International journal of heat and mass transfer, 1975, 18(1): 1-14.

[6] CHANDRA MOHAN V P, TALUKDAR P. Three dimensional numerical modeling of simultaneous heat and moisture transfer in a moist object subjected to convective drying[J]. International journal of heat and mass transfer, 2010, 53(21/22): 4638-4650.

[7] LJUNG A L, STAFFAN LUNDSTRÖM T, DANIEL MARJAVAARA B, et al. Convective drying of an individual iron ore pellet: analysis with CFD[J]. International journal of heat and mass transfer, 2011, 54(17/18): 3882-3890.

[8] NGUYEN M P, NGO T T, LE T D. Experimental and numerical investigation of transport phenomena and kinetics for convective shrimp drying[J]. Case studies in thermal engineering, 2019, 14: 100465.

[9] SALAGNAC P, GLOUANNEC P, LECHARPENTIER D. Numerical modeling of heat and mass transfer in porous medium during combined hot air, infrared and microwaves drying[J]. International journal of heat and mass transfer, 2004, 47(19/20): 4479-4489.

[10] CÂRLESCU P M, ARSENOAIA V, ROŞCA R, et al. CFD simulation of heat and mass transfer during apricots drying[J]. LWT: food science and technology, 2017, 85: 479-486.

[11] AHMAD KHAN F, STRAATMAN A G. A conjugate fluid-porous approach to

convective heat and mass transfer with application to produce drying[J]. Journal of food engineering,2016,179:55-67.

[12] 杨玲.甘蓝型油菜籽热风干燥传热传质特性及模型研究[D].重庆:西南大学,2014.

[13] YANG A P. Heat and mass transfer during hot-air drying of rapeseed:CFD approach and evaluation[J]. Agricultural engineering,2016,50:73-82.

[14] 汪火良.多孔介质传热传质过程的数值模拟:烟叶烘烤过程模拟技术研究[D].昆明:昆明理工大学,2010.

[15] 王鹏浩.海带干燥特性及热泵烘干室气流组织研究[D].哈尔滨:哈尔滨理工大学,2019.

[16] 段海峰.冷却干燥通风过程中粮堆内热湿耦合传递规律的研究[D].济南:山东建筑大学,2010.

[17] 丁德强.太阳能/热泵联合干燥粮食系统及传热传质的研究[D].济南:山东建筑大学,2011.

[18] 赵景尧.对流干燥木材热质迁移数值模型研究[D].哈尔滨:东北林业大学,2017.

[19] 王康.微波干燥玉米的传热传质及实验装置研究[D].芜湖:安徽工程大学,2019.

[20] ZHANG H,DENG S X. Numerical simulation of moisture-heat coupling in belt dryer and structure optimization[J]. Applied thermal engineering,2017,127:292-301.

[21] 杨历,陶斌斌.多孔介质干燥过程传热传质研究[J].农业工程学报,2005,21(1):27-31.

[22] 葛仕福,郑荣和,施明恒.多孔小颗粒对流干燥的数值模拟[J].热科学与技术,2008,7(2):104-108.

[23] 王会林,卢涛,姜培学.生物多孔介质热风干燥数学模型及数值模拟[J].农业工程学报,2014,30(20):325-333.

[24] 刘品.胡萝卜片热风干燥特性研究[D].郑州:中原工学院,2019.

[25] 张雪峰.黄芪热风干燥机理及能效评价分析[D].重庆:西南大学,2020.

[26] 刘鹤,焦俊华,田友,等.马铃薯片热风干燥特性及收缩动力学模型[J].食品工业科技,2022,43(11):58-64.

[27] YU X L,ZIELINSKA M,JU H Y,et al. Multistage relative humidity control strategy enhances energy and exergy efficiency of convective drying of carrot cubes[J]. International journal of heat and mass transfer,2020,149:119231.

[28] 效碧亮,孙静,刘晓风.百合热风薄层干燥特性及干燥品质[J].食品与机械,2020,36(2):48-55,218.

[29] 李星仪,张悦,谢永康,等.热风干燥过程相对湿度对香菇品质的影响[J].农业工程学报,2020,36(24):281-291.

[30] RAMÍREZ C, ASTORGA V, NUÑEZ H, et al. Anomalous diffusion based on fractional calculus approach applied to drying analysis of apple slices: the effects of relative humidity and temperature[J]. Journal of food process engineering, 2017, 40(5):e12549.

[31] NAMKANISORN A,MURATHATHUNYALUK S. Sustainable drying of galangal

through combination of low relative humidity, temperature and air velocity[J]. Energy reports,2020,6:748-753.

[32] SASONGKO S B,HADIYANTO H,DJAENI M,et al. Effects of drying temperature and relative humidity on the quality of dried onion slice[J]. Heliyon, 2020, 6(7):e04338.

[33] 陈衡. 红外物理学[M]. 北京:国防工业出版社,1985.

[34] 姜元志. 远红外与热风联合干燥高湿物料的机理与试验研究[D]. 青岛:青岛农业大学,2005.

[35] 刘旺星,陈雄飞,胡淑芬,等. 甜叶菊红外-热风联合干燥工艺优化[J]. 食品工业科技,2019,40(22):212-216,233.

[36] 吴敏,段豪,王振文,等. 基于温湿度控制的红外热风联合干燥机设计与试验[J]. 农业机械学报,2020,51(增刊1):483-492.

[37] 陈凯. 枸杞红外干燥工艺研究[D]. 天津:天津科技大学,2015.

[38] JEEVARATHINAM G, PANDISELVAM R, PANDIARAJAN T, et al. Infrared assisted hot air dryer for turmeric slices:effect on drying rate and quality parameters[J]. LWT:food science and technology,2021,144:111258.

[39] BARZEGAR M, ZARE D, STROSHINE R L. An integrated energy and quality approach to optimization of green peas drying in a hot air infrared-assisted vibratory bed dryer[J]. Journal of food engineering,2015,166:302-315.

[40] DARVISHI H, FARHUDI Z, BEHROOZI-KHAZAEI N. Multi-objective optimization of savory leaves drying in continuous infrared-hot air dryer by response surface methodology and desirability function[J]. Computers and electronics in agriculture,2020,168:105112.

[41] GARG A,MALAFRONTE L,WINDHAB E J. Baking kinetics of laminated dough using convective and microwave heating[J]. Food and bioproducts processing,2019,115:59-67.

[42] 徐碧浩,王子健,罗世尚,等. 浅析基于微波双缝干涉的波长测量[J]. 科学技术创新,2021(11):7-8.

[43] 何方健. 山楂微波干燥过程中品质监测与工艺优化研究[D]. 无锡:江南大学,2021.

[44] 张红帅. 微波联合热风对流条件下典型固体废物干燥特性[D]. 北京:北京交通大学,2019.

[45] 王俊山. 牛肉干微波-热风耦合干燥生产工艺及其干燥动力学研究[D]. 扬州:扬州大学,2019.

[46] 林鹏程,张钟元,江宁,等. 紫菜热风/微波联合干燥工艺优化及品质分析[J]. 食品工业科技,2022,43(2):215-225.

[47] XU W X,ISLAM M N,CAO X H,et al. Effect of relative humidity on drying characteristics of microwave assisted hot air drying and qualities of dried finger citron slices[J]. LWT:food science and technology,2021,137:110413.

[48] MALEKJANI N,EMAM-DJOMEH Z,HASHEMABADI S H,et al. Modeling thin

layer drying kinetics, moisture diffusivity and activation energy of hazelnuts during microwave-convective drying[J]. International journal of food engineering, 2018, 14(2):20170100.

[49] SZADZIŃSKA J, MIERZWA D. The influence of hybrid drying (microwave-convective) on drying kinetics and quality of white mushrooms[J]. Chemical engineering and processing: process intensification, 2021, 167: 108532.

[50] 史劲松,顾龚平,吴素玲,等.花椒资源与开发利用现状调查[J].中国野生植物资源,2003,22(5):6-8.

[51] 高敏芳,王翡.韩城大红袍花椒品牌建设对策研究[J].广西农业科学,2009,40(12):1627-1629.

[52] 周秀梅.花椒间歇式热风干燥试验研究[D].重庆:西南大学,2008.

[53] 郑严,陈建,谢守勇,等.花椒恒温与控温热风干燥的对比试验研究[J].农业工程学报,2008,24(2):277-280.

[54] 邱青苗,王春叶.仿自然干制的青花椒产地烘干试验与工艺研究[J].西南大学学报(自然科学版),2006,28(6):941-944.

[55] 赵超.花椒间歇式微波干燥理论及工艺优化的试验研究[D].重庆:西南大学,2006.

[56] 王云龙.花椒高压电场干燥工艺与特性研究[D].呼和浩特:内蒙古大学,2019.

[57] 代建武,付琪其,黄欢,等.青花椒真空脉动干燥特性及干燥品质工艺优化[J].农业工程学报,2021,37(8):279-287.

[58] 闫钰亭.花椒红外辐射-对流干燥热质传递与能耗分析[D].西安:西安科技大学,2022.

[59] 万学宁.热风-微波联合干燥花椒传热传质机理研究[D].西安:西安科技大学,2022.

[60] CHEN K W, ZHANG F S, KAN J Q. Characterization of chlorophyll breakdown in green prickleyashes (Zanthoxylum schinifolium Zucc.) during slow drying[J]. European food research and technology, 2012, 234(6): 1023-1031.

[61] SRIWICHAI T, SOOKWONG P, SIDDIQUI M W, et al. Aromatic profiling of Zanthoxylum myriacanthum (makwhaen) essential oils from dried fruits using different initial drying techniques[J]. Industrial crops and products, 2019, 133: 284-291.

[62] 杨森,冯靖雯,刘友平,等.热风干燥温度对竹叶花椒干燥特性及品质的影响[J].食品与发酵工业,2021,47(12):203-209.

[63] 景娜娜.干燥和贮藏方式对花椒品质的影响[D].咸阳:西北农林科技大学,2021.

[64] 王仕琪.花生干燥过程中湿热传递机理及实验研究[D].郑州:河南工业大学,2020.

[65] 邢文龙,杨延辰,张小燕,等.微波联合干燥技术在农产品领域的应用[J].农业工程,2021,11(2):69-74.

[66] 王教领,宋卫东,任彩红,等.我国香菇干燥技术研究进展[J].中国农机化学报,2021,42(7):76-83.

[67] CHASIOTIS V, TZEMPELIKOS D, MITRAKOS D, et al. Numerical and experimental analysis of heat and moisture transfer of Lavandula x allardii leaves during non-isothermal convective drying[J]. Journal of food engineering, 2021,

311:110708.
[68] 王俊.热风、远红外和微波干燥特点的比较[J].粮油加工与食品机械,1993(6):17-19.
[69] 朱凯阳,任广跃,段续,等.红外辐射技术在农产品干燥中的应用[J].食品与发酵工业,2021,47(20):303-311.
[70] 唐伟琴.木瓜的薄层微波干燥特性实验研究[D].南宁:广西大学,2006.
[71] CHAKRAVARTY A,GHOSH K,SEN S,et al. Impact of liquid coolant subcooling on boiling heat transfer and dryout in heat-generating porous media[J]. Thermal science and engineering progress,2022,30:101251.
[72] 陈西林.茯砖茶发酵的热湿传递特性与烘房气流组织优化研究[D].西安:西安建筑科技大学,2021.
[73] 孙宇飞.颗粒型非饱和含湿多孔介质热湿传递机理研究[D].济南:山东建筑大学,2019.
[74] ZHANG Y,PENG X F,CONTE I. Heat and mass transfer with condensation in non-saturated porous media[J]. Numerical heat transfer, part A: applications, 2007, 52(12):1081-1100.
[75] 刘格含,王鹏,吴小华,等.农产品热风干燥传热传质数值模拟研究进展[J].食品工业科技,2020,41(22):342-350,357.
[76] 杨亮.苦瓜片热风与红外干燥特性及品质评价[D].重庆:西南大学,2019.
[77] 郑严.花椒微波干燥与热风干燥的对比试验研究[D].重庆:西南大学,2006.
[78] 武逸凡,杨明金,李瑞,等.基于温度-水分-色泽耦合的青花椒变温干燥工艺研究[J].食品与发酵工业,2021,47(24):201-208.
[79] 吴业豪.花椒多孔堆积填充床对流干燥传热传质特性[D].西安:西安科技大学,2021.
[80] 巨浩羽,赵士豪,赵海燕,等.干燥介质相对湿度对西洋参根干燥特性和品质的影响[J].中草药,2020,51(3):631-638.
[81] 刘永富,周颖,张晓娟,等.化橘红热风干燥动力学模型及品质特性[J].农机化研究,2023,45(2):148-155.
[82] YANG X H,DENG L Z,MUJUMDAR A S,et al. Evolution and modeling of colour changes of red pepper (Capsicumannuum L.) during hot air drying[J]. Journal of food engineering,2018,231:101-108.
[83] AKAR G,BARUTÇU MAZI I. Color change,ascorbic acid degradation kinetics,and rehydration behavior of kiwifruit as affected by different drying methods[J]. Journal of food process engineering,2019,42(3):e13011.
[84] 王鹤,慕松,吴俊,等.基于 Weibull 分布函数的枸杞微波干燥过程模拟及应用[J].现代食品科技,2018,34(1):141-147.
[85] 王莹,吴立国,孙丽萍,等.基于 Weibull 函数的平贝母热风干燥特性[J].农机化研究,2022,44(5):249-254.
[86] 尹慧敏,聂宇燕,沈瑾,等.基于 Weibull 分布函数的马铃薯丁薄层热风干燥特性[J].农业工程学报,2016,32(17):252-258.
[87] ONWUDE D I,HASHIM N,JANIUS R B,et al. Modeling the thin-layer drying of

fruits and vegetables: a review[J]. Comprehensive reviews in food science and food safety,2016,15(3):599-618.
[88] 巨浩羽. 基于温湿度控制的热风干燥装置设计与试验[D]. 北京:中国农业大学,2016.
[89] 郭敏强. 巴沙鱼干制工艺的研究及其人工神经网络模型的建立[D]. 大连:大连工业大学,2019.
[90] CHAI H J, CHEN X M, CAI Y C, et al. Artificial neural network modeling for predicting wood moisture content in high frequency vacuum drying process[J]. Forests,2018,10(1):16.
[91] SUN T S, LING F. Prediction method of wheat moisture content in the hot air drying process based on backpropagation neural network optimized by genetic algorithms[J]. Journal of food processing and preservation,2022,46(6):e16565.
[92] 朱凯阳,任广跃,段续,等. 基于 BP 神经网络预测红外-喷动干燥带壳鲜花生水分比[J]. 食品科学,2022,43(11):9-18.
[93] 罗传伟. 花椒真空干燥动力学模型及干燥工艺研究[D]. 重庆:西南大学,2017.
[94] 张欣,张记,彭桂兰,等. 山药切片真空干燥特性及模型研究[J]. 食品工业科技,2022,43(4):82-89.
[95] DOLGUN E C, KARACA G, AKTAŞ M, et al. Analysis of intermittent infrared drying using heat recovery with a novel control methodology[J]. Journal of food process engineering,2020,43(10):e13491.
[96] 杨兵,梅小飞,阚建全. 热泵干制对青花椒色差和品质的影响及工艺优化[J]. 食品与发酵工业,2019,45(12):140-145,151.
[97] MURUGESAN K, THOMAS H R, CLEALL P J. An investigation of the influence of two-stage drying conditions on convective drying of porous materials[J]. International journal of numerical methods for heat & fluid flow,2002,12(1):29-46.
[98] 郭婷,吴燕,陈益能,等. 冻融预处理对山楂热风干燥特性的影响[J]. 食品与机械,2020,36(4):68-71,82.
[99] 郝启栋,乔旭光,郑振佳,等. 超高压和超声波预处理对蒜片热风干燥过程及品质的影响[J]. 农业工程学报,2021,37(3):278-286.
[100] LI L, YU Y Y, XU Y J, et al. Effect of ultrasound-assisted osmotic dehydration pretreatment on the drying characteristics and quality properties of Sanhua plum (Prunus salicina L.)[J]. LWT: food science and technology,2021,138:110653.
[101] 白竣文,王吉亮,肖红伟,等. 基于 Weibull 分布函数的葡萄干燥过程模拟及应用[J]. 农业工程学报,2013,29(16):278-285.
[102] CORZO O, BRACHO N, ALVAREZ C. Weibull model for thin-layer drying of mango slices at different maturity stages[J]. Journal of food processing and preservation,2010,34(6):993-1008.
[103] 巨浩羽,赵士豪,赵海燕,等. 基于 Weibull 分布函数的枸杞真空脉动干燥过程模拟及动力学研究[J]. 中草药,2018,49(22):5313-5319.
[104] DUAN D Y, MA F Y, ZHAO L Q, et al. Variation law and prediction model to

determine the moisture content in tea during hot air drying[J]. Journal of food process engineering,2022,45(2):e13966.

[105] BEIGI M. Energy efficiency and moisture diffusivity of apple slices during convective drying[J]. Food science and technology,2016,36(1):145-150.

[106] MOTEVALI A,MINAEI S,BANAKAR A,et al. Comparison of energy parameters in various dryers[J]. Energy conversion and management,2014,87:711-725.

[107] TORKI-HARCHEGANI M,GHANBARIAN D,GHASEMI PIRBALOUTI A,et al. Dehydration behaviour,mathematical modelling,energy efficiency and essential oil yield of peppermint leaves undergoing microwave and hot air treatments[J]. Renewable and sustainable energy reviews,2016,58:407-418.

[108] AGHBASHLO M,MOBLI H,RAFIEE S,et al. Energy and exergy analyses of the spray drying process of fish oil microencapsulation[J]. Biosystems engineering,2012,111(2):229-241.

[109] 任昱,魏春光,郭小宇. 6 种荒漠植物叶片气孔性状比较分析[J]. 内蒙古农业大学学报(自然科学版),2021,42(2):21-26.

[110] 王娟,杜静怡,贾雪颖,等. 花椒精油及其水提物的香气活性成分分析[J]. 食品工业科技,2021,42(20):229-241.

[111] 韩胜男,李妍,张晓杭,等. 花椒挥发油的提取工艺优化及抗肿瘤活性分析[J]. 食品科学,2014,35(18):13-16.

[112] 范天慈,窦志英,李捷,等. 不同干燥方式对中药成分影响的研究进展[J]. 中国现代中药,2021,23(11):2017-2024.

[113] FARAHMANDFAR R,TIRGARIAN B,DEHGHAN B,et al. Changes in chemical composition and biological activity of essential oil from Thomson navel orange (Citrus sinensis L. Osbeck) peel under freezing,convective,vacuum,and microwave drying methods[J]. Food science & nutrition,2020,8(1):124-138.

[114] RAHIMMALEK M,GOLI S A H. Evaluation of six drying treatments with respect to essential oil yield,composition and color characteristics of Thymys daenensis subsp. daenensis. Celak leaves[J]. Industrial crops and products,2013,42:613-619.

[115] SAMADI L,LARIJANI K,NAGHDI BADI H,et al. Qualitative and quantitative variations of the essential oils of Dracocephalum kotschyi Boiss. as affected by different drying methods[J]. Journal of food processing and preservation,2018,42(11):e13816.

[116] 何晨晨,陈柳. 新型复合固体除湿材料的吸附和解吸性能研究[J]. 低温与超导,2020,48(4):58-65.

[117] 颜榕. 基于 PLC 的自动门控制系统设计[J]. 现代工业经济和信息化,2022,12(11):54-56.

[118] 李再新,陈继飞. 基于模糊 PID 算法的食用菌大棚温度控制系统研究[J]. 农机使用与维修,2024(1):16-20.

[119] 王威,李少甫,吴昊,等. 基于反向传播神经网络 PID 的高功率微波炉温度控制[J]. 强

激光与粒子束,2024,36(1):55-61.

[120] 薛冰,周利明,牛康,等.基于自适应模糊 PID 的小麦播深控制系统研究[J].农业机械学报,2023,54(增刊 1):93-102.

[121] 王福军.计算流体动力学分析:CFD 软件原理与应用[M].北京:清华大学出版社,2004.

[122] 王亚州.室式干燥室干燥环境数值模拟分析研究[D].唐山:华北理工大学,2021.

[123] 李赫,张志,任源,等.基于 FLUENT 的菊花热风干燥流场特性仿真分析[J].食品与机械,2018,34(10):133-138.

[124] 杨清慧,湛小梅,孙志强,等.花椒烘干工艺研究与设备开发[J].南方农业,2012,6(11):38-39.

[125] 张进疆,吴耀森,刘清化,等.回热型空气源热泵在农产品干燥加工中的应用[C]//中国农业工程学会 2011 年学术年会论文集.[出版地不详]:中国农业工程学会,2011:193-196.

[126] 曾在庆,石伟宏.花椒机械化烘干试验效果分析[J].农机推广与安全,2004(6):24.

[127] 白旭升,李保国,王崇好,等.余热回收式热泵干燥装置的设计与分析[J].热能动力工程,2018,33(6):71-76.

[128] 李江波,薛韩玲,陈柳.热泵-太阳能花椒干燥系统的设计与数值模拟[J].江苏农业科学,2019,47(14):251-255.

[129] 杨先亮.热泵干燥系统的理论分析与实验研究[D].保定:华北电力大学,2006.

[130] 杨先亮,谢英柏,王亚瑟.热泵干燥系统的研究设计[J].农机化研究,2008,30(9):93-96.

[131] 郭胜兰.太阳能-热泵联合干燥装置研制及罗非鱼干燥实验研究[D].湛江:广东海洋大学,2010.

[132] 秦伶俐,李洪芳.转轮式全热交换器:一种高效的热回收装置[J].制冷,1998,64(3):20-23.